サイエンス テキスト ライブラリ＝13

新しく始める 微分方程式

小野公輔 著

サイエンス社

サイエンス社のホームページのご案内
https://www.saiensu.co.jp
ご意見・ご要望は　rikei@saiensu.co.jp まで.

まえがき

本書は大学数学の基礎として微分方程式を新しく学び始めるための入門書である．微分積分学および線形代数学の基礎的な知識だけでも十分読み進められるように扱う内容を厳選し，丁寧かつ易しく解説している．微分方程式はニュートンやライプニッツによって導入された微分積分学を基礎として変化し続ける社会のニーズにも応えながら発展してきた数学の学問分野であり，自然科学，社会科学，生命科学などにおいても欠かすことのできない数理モデルを提供し続けている．複雑な方程式だけでなく単純かつ簡単な方程式でさえも様々な自然現象，社会現象，生命現象を記述することができ，個々の現象解明の助けとなっている．微分方程式を利用した議論が現実社会の問題解決に果たしてきた役割は大きい．

第1章では，身近な現象と関連する微分方程式に触れると共に，多くの例と問を配置して初等解法を中心に解説する．特に，1階線形微分方程式に対する積分因子による解法，変数分離形微分方程式に対する変数分離による解法，2階定数係数線形微分方程式に対する特性方程式による解法について取り扱う．まずはこれらの解法を十分理解し身につけた上で他の解法へと視野を広げていくとよい．第2章では，微分方程式の基礎理論として初期値問題に対する局所解の存在と一意性，および解の延長可能性について議論する．さらに，一般の線形微分方程式の解の構造について考察し，定数係数の場合の具体的な解法について解説する．また，変数係数の場合にも有効な級数解法について紹介する．第3章では，連立の定数係数線形微分方程式に対して，行列の固有値問題を応用した行列の標準化および射影行列を用いた解法について解説する．第4章では，工学系分野においてよく利用されるラプラス変換による線形微分方程式の初期値問題に対する解法について紹介する．第5章では，非線形微分方程式の大域解の存在に対するアプリオリ評価によるアプローチの方法とエネルギー法を用いた解の減衰評価の基礎について取り扱う．

本書では，理論面の厳密性をできるだけ損なわないようにするためと数学的な考え方の修得のために可能な限り定理などの証明を付けている．さらに，その理論や解法の理解をより深めるために数多くの例や問を配置している．扱う内容は絞り込んでいるが，時間的な制限があり微分方程式の解法の修得を急ぐ場合や初読の場合などには，証明および * 印の項目を適宜とばして読み進めてもよい．学習者が本書で扱えなかった内容にも興味を持ち，さらに高度な内容を含む専門書へと進まれることを期待している．

本書の執筆にあたり，いくつかの微分方程式の類書を参考にさせてもらった．終わりに，本書の出版を快く引き受けてくださり，出版までにいろいろとお世話をしていただいたサイエンス社の田島伸彦氏をはじめ編集部の方々に厚く御礼申し上げたい．

2020 年 11 月　　著者

目　　次

ギリシア文字

大文字	小文字	英語読み	読み
A	α	alpha	アルファ
B	β	beta	ベータ
Γ	γ	gamma	ガンマ
Δ	δ	delta	デルタ
E	ε, ϵ	epsilon	イプシロン
Z	ζ	zeta	ツェータ，ゼータ
H	η	eta	エータ，イータ
Θ	θ	theta	テータ，シータ
I	ι	iota	イオータ
K	κ	kappa	カッパ
Λ	λ	lambda	ラムダ
M	μ	mu	ミュー
N	ν	nu	ニュー
Ξ	ξ	xi	クシー，グザイ
O	o	omicron	オミクロン
Π	π	pi	パイ
P	ρ	rho	ロー
Σ	σ	sigma	シグマ
T	τ	tau	タウ
Υ	υ	upsilon	ウプシロン
Φ	φ, ϕ	phi	ファイ
X	χ	chi	カイ
Ψ	ψ	psi	プシー，プサイ
Ω	ω	omega	オメガ

第1章

微分方程式の解法

線形または1階の微分方程式の中には，式変形と積分計算だけで具体的に解けるものも少なくない．本章では，身近な現象を記述する低階の微分方程式を扱いながら方程式のタイプごとの基本的な解法について解説する．また，いくつかの例では，微分方程式の解または解の振る舞いが具体的な現象においてどのような意味を持つのかについて考察する．

1.1　1階微分方程式

◆ 微分方程式とは ◆

関数 $x = x(t)$ と導関数 $\frac{dx}{dt}, \frac{d^2x}{dt^2}$ との間の関係について考えてみよう．

例 1.1　$x = e^{at}$ は，$\frac{dx}{dt} = ae^{at}$ より

$$\frac{dx}{dt} = ax \quad \text{すなわち} \quad \frac{dx}{dt} - ax = 0$$

を満たす．ただし，a は定数である．■

例 1.2　$x = \cos\omega t$ は，$\frac{d^2x}{dt^2} = -\omega^2\cos\omega t$ より

$$\frac{d^2x}{dt^2} = -\omega^2 x \quad \text{すなわち} \quad \frac{d^2x}{dt^2} + \omega^2 x = 0$$

を満たす．ただし，ω は定数である．■

変数 t と関数 $x = x(t)$ および導関数 $\frac{dx}{dt}, \frac{d^2x}{dt^2}, \cdots, \frac{d^nx}{dt^n}$ との間の関係式

$$F\left(t, x, \frac{dx}{dt}, \frac{d^2x}{dt^2}, \cdots, \frac{d^nx}{dt^n}\right) = 0$$

を**微分方程式**といい，含まれる導関数の最高階数が n であることを強調したいときには，**n 階微分方程式**という．また，微分方程式を満たす関数 $x = x(t)$ を**解**といい，解を求めることを微分方程式を**解く**という．

まず, $n=1$ の場合, すなわち1階微分方程式について考える. $F(t,x,\frac{dx}{dt})=0$ を最高階の導関数について解くことにより得られる微分方程式

$$\frac{dx}{dt}=f(t,x) \tag{1.1}$$

を**正規形微分方程式**または**正規形**であるという.

◆ マルサスの人口モデル ◆

現代社会において人口変化を予測することは, 国家予算の編成にも関わる重要な問題である. イギリスの経済学者マルサス（T.Malthus 1766–1834）は1798年に主著「人口論」の中で「人口は幾何級数的に増加する」として人口問題に警鐘を鳴らした.

$x=x(t)\ (>0)$ を時刻 t におけるある国の総人口を表すとする. 理想的な環境の下で時間区間 Δt における

仮定：人口増加 Δx の割合 $\dfrac{\Delta x}{\Delta t}$ は現在の人口レベル x に比例する

（すなわち $\dfrac{\Delta x}{\Delta t}\propto x$）と仮定する. このとき, $\dfrac{\Delta x}{\Delta t}=ax$ を得る. ただし, 比例定数 a は人口の増加係数（出生率と死亡率の差）である. ここで, $\Delta t\to 0$ として極限をとれば

$$\frac{\Delta x}{\Delta t}=\frac{x(t+\Delta t)-x(t)}{\Delta t}\longrightarrow\frac{dx}{dt}\quad(=x'\text{ とも書く})$$

だから

$$\frac{dx}{dt}=ax\quad\text{すなわち}\quad\frac{dx}{dt}-ax=0 \tag{1.2}$$

を得る. これを**マルサスの人口モデル**という.

(1.2) の解 $x=x(t)>0$ について, 次のことが分かる.

1. $a>0$ のとき, $ax>0$ より $\dfrac{dx}{dt}>0$ だから $x=x(t)$ は単調に増加する.
2. $a=0$ のとき, $ax=0$ より $\dfrac{dx}{dt}=0$ だから $x=x(t)$ は一定値である.
3. $a<0$ のとき, $ax<0$ より $\dfrac{dx}{dt}<0$ だから $x=x(t)$ は単調に減少する.

明示的に (1.2) を解いてみよう．積の微分法より

$$\frac{d}{dt}\left(e^{-at}x\right) = e^{-at}\left(\frac{dx}{dt} - ax\right)$$

だから (1.2) の両辺に e^{-at} を掛けると

$$e^{-at}\left(\frac{dx}{dt} - ax\right) = 0 \quad \text{すなわち} \quad \frac{d}{dt}\left(e^{-at}x\right) = 0$$

を得る．よって，$e^{-at}x = c$ だから

$$x = ce^{at} \quad (c \text{ は任意定数}) \tag{1.3}$$

は (1.2) の解となる．

1 階微分方程式では，任意定数を 1 つ含む解を**一般解**といい，一般に

$$H(t, x, c) = 0 \quad (c \text{ は任意定数})$$

の形で与えられる．可能ならばこれを x について解いて

$$x = h(t, c) \quad (c \text{ は任意定数})$$

の形に変形しておく．また，この定数 c に具体的な値を代入した解を**特解**または**特殊解**という．なお[†]一般解に含まれない解が存在することもある．

♦ 初期値問題 ♦

初期時刻 $t = 0$ における初期人口 $x(0)$ を x_0 として，初期値問題

$$\begin{cases} \dfrac{dx}{dt} = ax, & t \geqq 0 \\ x(0) = x_0 & \text{（初期条件）} \end{cases} \tag{1.4}$$

を考えてみよう．一般解 (1.3) に $t = 0$ を代入すると $c = x_0$ が分かる．よって，初期値問題 (1.4) の解は

$$x(t) = x_0 e^{at} \tag{1.5}$$

となる．従って，(1.5) より次のことが分かる．

[†]一般解の表現は必ずしも一意的ではない（例 1.6 の注意参照）．いかなる表現の一般解にも含まれない解があれば，それを**特異解**という．例えば，$(x')^2 = 4x$ は一般解 $x = (t-c)^2$（c は任意定数）以外に特異解 $x = 0$ を持つ．

1. $a > 0$ のとき，人口は指数関数的に際限なく増大する．
2. $a = 0$ のとき，人口は変化しない．
3. $a < 0$ のとき，人口は指数関数的に 0 に減衰する．

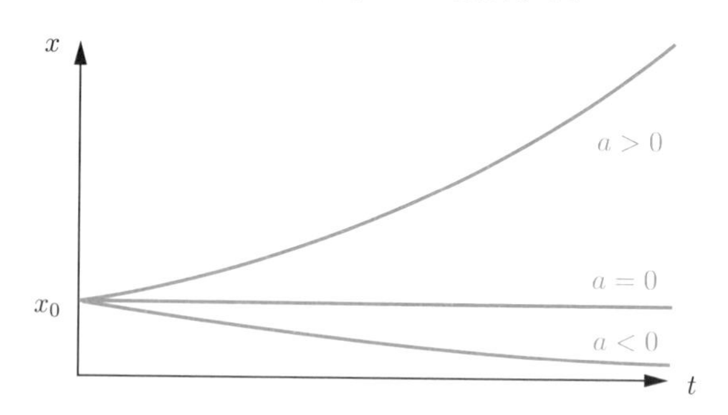

♦ 1 階線形微分方程式 ♦

x と $\frac{dx}{dt}$ について線形（すなわち 1 次式）である微分方程式

$$\frac{dx}{dt} + p(t)x = q(t) \tag{1.6}$$

を **1 階線形微分方程式**または**線形**であるという．これは正規形 (1.1) の $f(t,x)$ が $-p(t)x + q(t)$ の場合である．

微分方程式 (1.6) は**積分因子** $e^{\int p(t)\,dt}$ を用いて解くことができる．その解法を**積分因子法**という．（なお，$\frac{d}{dt}\left(e^{\int p(t)\,dt}\right) = e^{\int p(t)\,dt}p(t)$ である．）

実際，積の微分法より

$$\frac{d}{dt}\left(e^{\int p(t)\,dt}x\right) = e^{\int p(t)\,dt}\left(\frac{dx}{dt} + p(t)x\right)$$

だから (1.6) の両辺に積分因子 $e^{\int p(t)\,dt}$ を掛けると

$$e^{\int p(t)\,dt}\left(\frac{dx}{dt} + p(t)x\right) = e^{\int p(t)\,dt}q(t)$$

より

$$\frac{d}{dt}\left(e^{\int p(t)\,dt}x\right) = e^{\int p(t)\,dt}q(t)$$

を得る．従って，これを t で積分すると

$$e^{\int p(t)\,dt}x = \int e^{\int p(t)\,dt}q(t)\,dt + c$$

となり，両辺に $e^{-\int p(t)\,dt}$ を掛ければ解が求まる．

定　理　1.1　1 階線形微分方程式 (1.6) の一般解は

$$x = e^{-\int p(t)\,dt}\left(\int e^{\int p(t)\,dt}q(t)\,dt + c\right) \tag{1.7}$$

（c は任意定数）で与えられる．

注意　積分因子 $u = e^{\int p(t)\,dt}$ の付加定数は，その都度都合のよい値を選んでよい．例えば，$p(t) = 1$ のとき $u = e^t$，$p(t) = t$ のとき $u = e^{\frac{1}{2}t^2}$ など選べる．

特に，$p(t) = \frac{a'(t)}{a(t)}$ の場合には，$a(t) > 0$ のとき $\int \frac{a'(t)}{a(t)}\,dt = \log a(t) + c$ だから $u = e^{\log a(t)} = a(t)$ を採用してもよい．例えば，$p(t) = \frac{1}{t}$ のとき $u = e^{\log t} = t$，$p(t) = \frac{2t}{t^2+1}$ のとき $u = e^{\log(t^2+1)} = t^2 + 1$ など選べる．

例 1.3　$\dfrac{dx}{dt} + tx = 3t$ の一般解を求めてみよう．

解　$p(t) = t,\ q(t) = 3t$ とみれば 1 階線形微分方程式だから積分因子法で解ける．実際，与式の両辺に積分因子 $e^{\frac{1}{2}t^2}$ を掛けると

$$\frac{d}{dt}\left(e^{\frac{1}{2}t^2}x\right) = e^{\frac{1}{2}t^2}\left(\frac{dx}{dt} + tx\right) = 3\,e^{\frac{1}{2}t^2}t$$

を得る．従って，これを t で積分すると

$$e^{\frac{1}{2}t^2}x = 3\int e^{\frac{1}{2}t^2}t\,dt + c$$

だから一般解として $x = 3 + c\,e^{-\frac{1}{2}t^2}$（$c$ は任意定数）を得る．■

問 1.1　次の微分方程式の一般解を求めよ．

(1) $\dfrac{dx}{dt} + x = e^t$　(2) $\dfrac{dx}{dt} - x = t$　(3) $\dfrac{dx}{dt} - 2tx = 2t^3$

(4) $\dfrac{dx}{dt} + x\sin t = \sin t$　(5) $\dfrac{dx}{dt} + \dfrac{x}{t} = 1$　(6) $\dfrac{dx}{dt} + \left(1 + \dfrac{1}{t}\right)x = t$

例 1.4　マルサスの人口モデルに対する初期値問題（(1.4) 参照）

$$\begin{cases} \dfrac{dx}{dt} = ax, \quad t \geqq t_0 \\ x(t_0) = x_0 \end{cases}$$

は，与式の一般解を求める手順に少し工夫を加えて解くこともできる．

解　与式の両辺に $e^{\int_{t_0}^{t}(-a)\,ds} = e^{-a(t-t_0)}$ を掛けると

$$\frac{d}{dt}\left(e^{-a(t-t_0)}x\right) = e^{-a(t-t_0)}\left(\frac{dx}{dt} - ax\right) = 0$$

これを t_0 から t まで積分して $e^{-a(t-t_0)}x(t) - e^0 x(t_0) = 0$ を得る．よって，初期値問題の解は $x(t) = x_0 e^{a(t-t_0)}$ となる．■

問 1.2　初期値問題 $x' + p(t)x = q(t)$, $x(t_0) = x_0$ の解は

$$x(t) = e^{-\int_{t_0}^{t} p(s)ds}\left(x_0 + \int_{t_0}^{t} e^{\int_{t_0}^{s} p(\tau)d\tau} q(s)\,ds\right)$$

で与えられることを示せ．

問 1.3　次の初期値問題を解け．

(1) $x' - 2x = 2e^{3t}$, $x(0) = 1$　　(2) $x' + x = 2\cos t$, $x(\pi) = 1$

♦ 修正された人口モデル ♦

$a > 0$ のとき，マルサスの人口モデル (1.2) に支配される人口 $x = x(t)$ は際限なく増大し続けることになる．しかし，環境的な要因などにより人口の増加が抑制される状況を考えたい場合などには数理モデルの修正が必要となる．

オランダの数理生物学者フェルフルスト（P.Verhulst 1804–1849）は 1837 年に「人口の過密」による人口抑制の要因を考慮した数理モデルを提案した．

増加可能な人口には上限があり，その上限を最大人口 M として

仮定：人口変化率 $\dfrac{dx}{dt}$ は次の (a) と (b) に比例する

(a) 増加可能な人口の最大人口に対する割合 $\dfrac{M-x}{M} = 1 - \dfrac{x}{M}$

(b) 現在の人口レベル x

（すなわち $\dfrac{dx}{dt} \propto \left(1 - \dfrac{x}{M}\right) \times x$）と仮定する．このとき，比例定数 α (> 0) を用いて

$$\frac{dx}{dt} = \alpha\left(1 - \frac{x}{M}\right)x \quad \text{すなわち} \quad \frac{dx}{dt} - \alpha x = -\frac{\alpha}{M}x^2 \tag{1.8}$$

を得る．これを**ロジスティック（logistic）方程式**という．

注意　(1.2) の比例定数 a を $\alpha\left(1 - \frac{x}{M}\right)$ で置き換えたものが (1.8) であると考えることもできる．$\alpha\left(1 - \frac{x}{M}\right)$ は x の増加に伴い小さくなるので，人口変化率 $\frac{dx}{dt}$ も小さくなり，人口増加が抑制されることになる．

明示的に (1.8) を解いてみよう．定数関数 $x = 0$ は明らかに解である．$x \neq 0$ として (1.8) を変形すると

$$x^{-2}\frac{dx}{dt} - \alpha x^{-1} = -\frac{\alpha}{M}$$

ここで $u = x^{-1}$ とおくと，$\dfrac{du}{dt} = -x^{-2}\dfrac{dx}{dt}$ だから

$$\frac{du}{dt} + \alpha u = \frac{\alpha}{M}$$

を得る．両辺に積分因子 $e^{\alpha t}$ を掛けると

$$\frac{d}{dt}\left(e^{\alpha t}u\right) = e^{\alpha t}\left(\frac{du}{dt} + \alpha u\right) = \frac{\alpha}{M}e^{\alpha t}$$

だから，これを t で積分すると

$$e^{\alpha t}u = \frac{1}{M}\left(\int \alpha e^{\alpha t}\,dt + c\right) \quad \text{すなわち} \quad u = \frac{1}{M}\left(1 + ce^{-\alpha t}\right)$$

となる．よって，$x = u^{-1}$ より (1.8) の一般解として

$$x = \frac{M}{1 + ce^{-\alpha t}} \quad (c \text{ は任意定数}) \tag{1.9}$$

を得る．

次に，初期人口 $x(0)$ を x_0 $(0 < x_0 < M)$ として，初期値問題

$$\begin{cases} \dfrac{dx}{dt} = \alpha\left(1 - \dfrac{x}{M}\right)x, \quad t \geqq 0 \\ x(0) = x_0 \quad \text{（初期条件）} \end{cases}$$

を考えてみよう．(1.9) に $t = 0$ を代入すれば $c = \dfrac{M}{x_0} - 1$ が分かる．よって，解は

$$x(t) = \frac{M}{1 + \left(\dfrac{M}{x_0} - 1\right)e^{-\alpha t}} \tag{1.10}$$

となる．従って，解 $x = x(t)$ は (1.10) より

$$t \to \infty \quad \text{のとき} \quad x \to M$$

また，(1.8) より

$$x \to M \quad \text{のとき} \quad \frac{dx}{dt} \to 0$$

さらに，$0 < x < M$ のとき $\dfrac{dx}{dt} = \dfrac{\alpha}{M}(M - x)x > 0$，かつ

$$\frac{d^2x}{dt^2} = \frac{\alpha}{M}\left(-\frac{dx}{dt}x + (M - x)\frac{dx}{dt}\right) = \frac{\alpha}{M}\frac{dx}{dt}(M - 2x)$$

である．従って，解 $x = x(t)$ は単調に増加し，$x = M/2$ に変曲点を持ち，$t \to \infty$ で水平になりながら $x = M$ に近づいていくことが分かる．

注意　$x_0 \leqq x \leqq M$ の範囲にある曲線 $x = x(t)$ を**成長曲線**，**S 字曲線**などという．これは「成長」に関連する現象に現れる曲線である．

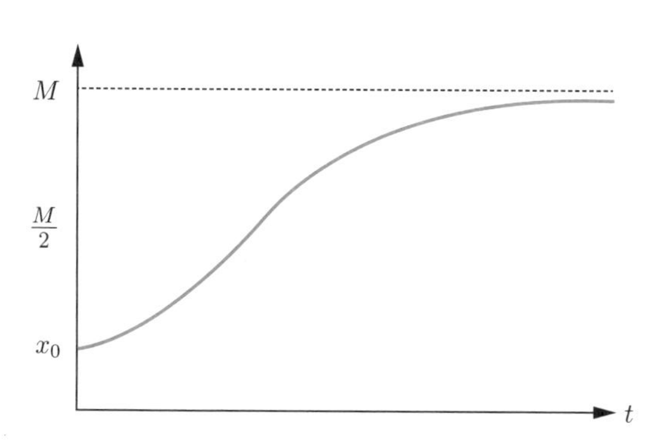

◆ ベルヌーイ型微分方程式 ◆

非線形項 x^n $(n \neq 0,\, 1)$ を含む非線形の微分方程式

$$\frac{dx}{dt} + p(t)x = q(t)x^n \tag{1.11}$$

をベルヌーイ（J.Bernoulli 1654–1705）型であるという．これは正規形 (1.1) の $f(t,x)$ が $-p(t)x + q(t)x^n$ の場合である．（(1.8) は $n = 2$ の場合である．）

(1.11) は線形微分方程式 (1.6) に帰着して解くことができる．

実際，$x \neq 0$ として (1.11) を変形すると

$$x^{-n}\frac{dx}{dt} + p(t)x^{1-n} = q(t)$$

ここで $u = x^{1-n}$ とおくと，$\dfrac{du}{dt} = (1-n)x^{-n}\dfrac{dx}{dt}$ より

$$\frac{du}{dt} + (1-n)p(t)u = (1-n)q(t) \tag{1.12}$$

を得る．これは線形微分方程式である．

例 1.5（**魚の体重変化**）$w = w(t)$ を魚の体重とする．体重の変化について

(a) 栄養分による体重の増加の割合は個体の表面積に比例する

(b) 活動（呼吸など）による体重ロスの割合は個体の体重に比例する

と仮定すると，$w = w(t)$ の支配方程式は

$$\frac{dw}{dt} = \alpha w^{\frac{2}{3}} - \beta w \quad \text{すなわち} \quad \frac{dw}{dt} + \beta w = \alpha w^{\frac{2}{3}}$$

（α, β は正の定数）となる．これをフォン・ベルタランフィ（L.von Bertalanffy 1901–1972）モデルという．ベルヌーイ型として解いてみよう．

解　$w \neq 0$ として与式を変形すると

$$w^{-\frac{2}{3}}\frac{dw}{dt} + \beta w^{\frac{1}{3}} = \alpha$$

ここで $u = w^{\frac{1}{3}}$ とおくと，$\dfrac{du}{dt} = \dfrac{1}{3}w^{-\frac{2}{3}}\dfrac{dw}{dt}$ だから

$$\frac{du}{dt} + \frac{\beta}{3}u = \frac{\alpha}{3}$$

を得る．両辺に積分因子 $e^{\frac{\beta}{3}t}$ を掛けると

$$\frac{d}{dt}\left(e^{\frac{\beta}{3}t}u\right) = e^{\frac{\beta}{3}t}\left(\frac{du}{dt} + \frac{\beta}{3}u\right) = \frac{\alpha}{3}e^{\frac{\beta}{3}t}$$

だから，これに t で積分すると

$$e^{\frac{\beta}{3}t}u = \frac{\alpha}{3}\int e^{\frac{\beta}{3}t}\,dt + c \quad \text{すなわち} \quad u = \frac{\alpha}{\beta} + ce^{-\frac{\beta}{3}t}$$

となる．よって，$w = u^3$ より一般解として次を得る．

$$w = \left(\frac{\alpha}{\beta} + ce^{-\frac{\beta}{3}t}\right)^3 \quad (c\text{ は任意定数})$$

特に，$t = 0$ のとき $w(0) = 0$ とすると，$\left(\frac{\alpha}{\beta} + c\right)^3 = 0$ より $c = -\frac{\alpha}{\beta}$ だから魚の体重 $w = w(t)$ は次のようになる．

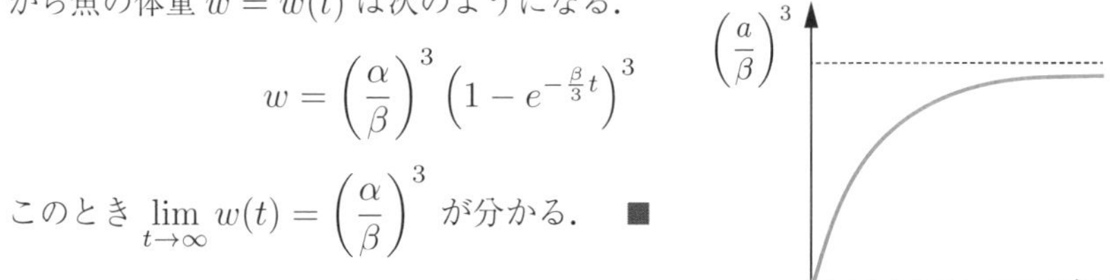

$$w = \left(\frac{\alpha}{\beta}\right)^3\left(1 - e^{-\frac{\beta}{3}t}\right)^3$$

このとき $\lim_{t\to\infty} w(t) = \left(\frac{\alpha}{\beta}\right)^3$ が分かる．　■

問 1.4　次の微分方程式の一般解を求めよ．

(1) $\dfrac{dx}{dt} + tx = \dfrac{t}{2x}$　　(2) $\dfrac{dx}{dt} + 2tx = 2t^3x^3$　　(3) $\dfrac{dx}{dt} + \dfrac{x}{t} = \dfrac{x^2}{t}$

問 1.5　次の初期値問題を解け．

(1) $x' + 2x = x^3$，$x(0) = 1$　　(2) $2xx' + x^2 = t$，$x(1) = 1$

◆ 変数分離形微分方程式 ◆

正規形 (1.1) の $f(t,x)$ が t の関数 $f(t)$ と x の関数 $g(x)$ の積 $f(t)g(x)$ となっている微分方程式

$$\frac{dx}{dt} = f(t)g(x) \tag{1.13}$$

を**変数分離形**であるという．

(1.13) は $f(t)$ と $g(x)$ を分離した式に変形し積分の計算をして解くことができる．その解法を**変数分離法**という．

実際，$g(x) = 0$ を満たす $x = c_0$ が存在するときは，定数関数 $x = c_0$ は (1.13) の解となる．

一方，$g(x) \neq 0$ として (1.13) を変形すると

$$\frac{1}{g(x)}\frac{dx}{dt} = f(t)$$

だから，これを t で積分して

$$\int \frac{1}{g(x)}\frac{dx}{dt}\,dt = \int f(t)\,dt$$

を得る．従って，積分の変数変換（置換積分）により一般解が求まる．

定 理 1.2　変数分離形 (1.13) の一般解は

$$\int \frac{1}{g(x)}\,dx = \int f(t)\,dt \tag{1.14}$$

から与えられる．

注意　一般解 $H(t, x, c) = 0$（c は任意定数）は $x = h(t, c)$ の形に変形できなくても分かりやすい形に整理できていればそれでよい．

式変形と積分計算による解法を総称して**求積法**または**初等解法**という．

例 1.6　マルサスの人口モデル (1.2) やロジスティック方程式 (1.8) すなわち

(1)　$\dfrac{dx}{dt} = ax$　　　(2)　$\dfrac{dx}{dt} = \alpha\left(1 - \dfrac{x}{M}\right)x$

は変数分離法でも解ける．

解　(1) $x \neq 0$ として与式を変形すると，$\dfrac{1}{x}\dfrac{dx}{dt} = a$ だから，これを t で積分して変数変換すれば

$$\int \frac{1}{x}\,dx = \int \frac{1}{x}\frac{dx}{dt}\,dt = \int a\,dt$$

だから $\log|x| = at + c_1$すなわち $x = \pm e^{c_1}e^{at}$ を得る．よって，$x = 0$ も解だから一般解として $x = ce^{at}$（c は任意定数）を得る．

(2) $x \neq 0, M$ として与式を変形すると

$$\frac{M}{(M-x)x}\frac{dx}{dt} = \alpha$$

だから，これを t で積分して

$$\int \frac{M}{(M-x)x}\frac{dx}{dt}\,dt = \int \alpha\,dt$$

さらに積分の変数変換と部分分数分解により

$$\int \left(\frac{1}{M-x} + \frac{1}{x}\right) dx = \alpha \int dt$$

だから

$$\log\left|\frac{M-x}{x}\right| = -\alpha t + c_1 \quad \text{すなわち} \quad \frac{M-x}{x} = \pm e^{c_1} e^{-\alpha t}$$

よって，$x = M$ も解だから一般解として（(1.9) 参照）

$$x = \frac{M}{1+ce^{-\alpha t}} \quad (c\text{ は任意定数})$$

を得る． ■

注意 次の (a), (b), (c) のいずれも† ロジスティック方程式の全ての解を表している．

(a) $x = 0$ と $x = \dfrac{M}{1+ce^{-\alpha t}}$ (b) $x = M$ と $x = \dfrac{cM}{c+e^{-\alpha t}}$

(c) $(1-c)x = ce^{\alpha t}(M-x)$ （c は任意定数）

例 1.7 初期値問題 $\dfrac{dx}{dt} + \dfrac{tx^2}{2} = 0,\ x(1) = 2$ は変数分離法で解ける．

解 $x(1) = 2 > 0$ より $x \neq 0$ として与式を変形し，$\dfrac{-1}{x^2}\dfrac{dx}{dt} = \dfrac{t}{2}$ を t で積分して変数変換すれば

$$\int \frac{-1}{x^2}\,dx = \int \frac{-1}{x^2}\frac{dx}{dt}\,dt = \int \frac{t}{2}\,dt$$

---

†一般解の表現は必ずしも一意的ではない．また，$x = 0$ や $x = M$ は特解ではあるが，特異解（いかなる表現の一般解にも含まれない解）ではない．

だから $\dfrac{1}{x}=\dfrac{t^2+c}{4}$ を得る．これに $x(1)=2$ を代入すれば $c=1$ が分かり，解は $x(t)=\dfrac{4}{t^2+1}$ となる．

別解　あるいは，変数分離法に定積分を用いてもよい．すなわち，$x(1)=2>0$ より $x\neq 0$ として与式を変形し，1 から t まで積分して変数変換すれば

$$\int_{x(1)}^{x(t)}\frac{-1}{x^2}\,dx=\int_1^t\frac{-1}{x^2}\frac{dx}{ds}\,ds=\int_1^t\frac{s}{2}\,ds$$

だから $\dfrac{1}{x(t)}-\dfrac{1}{x(1)}=\dfrac{t^2-1}{4}$，すなわち，解は $x(t)=\dfrac{4}{t^2+1}$ となる．　■

問 1.6　次の微分方程式の一般解を求めよ．

(1) $\dfrac{dx}{dt}=2tx^2$　(2) $\dfrac{dx}{dt}+\dfrac{t}{x}=0$　(3) $\dfrac{dx}{dt}-tx^2=t$

(4) $\dfrac{dx}{dt}+\dfrac{t^3}{(x+1)^2}=0$　(5) $t\dfrac{dx}{dt}=2\sqrt{x-1}$　(6) $\dfrac{dx}{dt}=t(x^2-1)$

問 1.7　次の初期値問題を解け．

(1) $\dfrac{dx}{dt}=x\sin 2t\,,\ x(0)=2$　(2) $\dfrac{dx}{dt}=(1-x^2)\tan t\,,\ x(\pi)=0$

問 1.8　次の 1 階線形微分方程式 (a) と (b) について考える．

(a) $\dfrac{dx}{dt}+p(t)x=0$　(b) $\dfrac{dx}{dt}+p(t)x=q(t)$

(1) 変数分離法を用いて，(a) の一般解が

$$x=c\,e^{-\int p(t)dt}\quad (c\text{ は任意定数})$$

で与えられることを示せ．

(2) $x=u(t)e^{-\int p(t)dt}$ が (b) を満たすならば

$$u(t)=\int e^{\int p(t)dt}q(t)dt+\widetilde{c}\qquad (\widetilde{c}\text{ は任意定数})$$

となることを示せ．

（従って，$x=e^{-\int p(t)dt}\left(\int e^{\int p(t)dt}q(t)dt+\widetilde{c}\right)$ は (b) の一般解である．なお，定数 c を関数 $u(t)$ に置き換えて有益な情報を引き出す手法を**定数変化法**という．）

◆ 同次形微分方程式 ◆

(1.1) の $f(t,x)$ が $\dfrac{x}{t}$ の関数 $f\left(\dfrac{x}{t}\right)$ となっている微分方程式

$$\frac{dx}{dt} = f\left(\frac{x}{t}\right) \tag{1.15}$$

を同次形であるという．

(1.15) は変数分離形 (1.13) に帰着させて解くことができる．

実際，$u = \dfrac{x}{t}$ とおくと，$x = tu$, $\dfrac{dx}{dt} = t\dfrac{du}{dt} + u$ より

$$t\frac{du}{dt} + u = f(u) \quad \text{すなわち} \quad \frac{du}{dt} = \frac{1}{t}(f(u) - u) \tag{1.16}$$

を得る．これは変数分離形である．

例 1.8 $\dfrac{dx}{dt} = \dfrac{t^2 + x^2}{2tx}$ を解いてみよう．

解 与式を変形すれば $\dfrac{dx}{dt} = \dfrac{1}{2}\left(\dfrac{t}{x} + \dfrac{x}{t}\right)$ だから $u = \dfrac{x}{t}$ とおくと，$x = tu$, $\dfrac{dx}{dt} = t\dfrac{du}{dt} + u$ より

$$t\frac{du}{dt} + u = \frac{1}{2}\left(\frac{1}{u} + u\right) \quad \text{すなわち} \quad \frac{du}{dt} = \frac{-(u^2-1)}{2tu}$$

を得る．これは変数分離形である．

$u = \pm 1$ (i.e. $u^2 - 1 = 0$) は解である．すなわち，$x = \pm t$ は解である．

$u \neq \pm 1$ (i.e. $u^2 - 1 \neq 0$) として与式を変形し，t で積分して変数変換すれば

$$\int \frac{2u}{u^2-1}\,du = \int \frac{2u}{u^2-1}\frac{du}{dt}\,dt = \int \frac{-1}{t}\,dt$$

だから $\log|(u^2-1)t| = c_1$ すなわち $(u^2-1)t = \pm e^{c_1}$ を得る．

従って，$x = \pm t$ も解だから $x = tu$ より与式の一般解として $x^2 = t^2 + ct$（c は任意定数）を得る． ■

問 1.9 次の微分方程式の一般解を求めよ．

(1) $\dfrac{dx}{dt} = \dfrac{x^2}{tx - t^2}$　(2) $\dfrac{dx}{dt} = \dfrac{x+t}{x-t}$　(3) $\dfrac{dx}{dt} = \dfrac{t^2+x^2}{tx}$　(4) $\dfrac{dx}{dt} = \dfrac{x-t}{x+t}$

♦♦ コラム ♦♦

下記の表は米国の人口統計である．（×10^6 人）

年度	調査値	$x(t)$	理論値 1	理論値 2
1800	$x_0 = 5.3$	$x(0)$	Malthus	Verhulst
1810	7.2	$x(1)$	モデル	モデル
1820	9.6	$x(2)$	9.7	9.7
1830	12.9	$x(3)$	13.2	13.1
1840	17.1	$x(4)$	18.0	17.5
1850	23.2	$x(5)$	24.4	23.3
1860	31.4	$x(6)$	33.2	30.6
1870	38.6	$x(7)$	45.1	39.8
1880	50.2	$x(8)$	61.2	50.8
1890	62.9	$x(9)$	83.2	63.7
1900	76.0	$x(10)$	113.0	78.1
1910	92.0	$x(11)$	153.5	93.6
1920	106.5	$x(12)$	208.4	109.3
1930	123.2	$x(13)$	283.0	124.6

(I) まず，マルサスの**人口モデル**の信頼性について検討してみよう．初期時刻 $t = 0$ を 1800 年に対応させ，初期人口を $x_0 = 5.3 \times 10^6$ 人とする．また，時間区間を 10 年間として，$t = 1$（1810 年）のとき (1.5) より

$$x(1) = x_0 e^a$$

とすると

$$a = \log\left(\frac{x(1)}{x_0}\right) = \log\left(\frac{7.2 \times 10^6}{5.3 \times 10^6}\right) \fallingdotseq 0.306$$

を得る．従って，$x_0 = 5.3 \times 10^6$, $a = 0.306$ とするマルサスの人口モデルによる 10 年後の 1820 年の人口予測は (1.5) より

$$x(2) = x_0 e^{2a} = 5.3 \times 10^6 e^{2\times 0.306} \fallingdotseq 9.77$$

となる．この理論値は 1820 年の調査値に近い値を示している．同様に (1.5) から理論値 $x(3), x(4), \cdots$ を求めたものが表の Malthus の欄である．理論値は 1860 年頃までは調査値に比較的近い値を示している．しかし，長期間に渡っての信頼性は低いことが分かる．

(II) 次に，フェルフルストの修正された人口モデルの信頼性について検討してみよう．初期時刻 $t = 0$ を 1800 年に対応させ，初期人口を $x_0 = 5.3 \times 10^6$ 人，最大人口を $M = 200 \times 10^6$ 人として，$t = 1$（1810 年）のとき (1.10) より

$$x(1) = \frac{M}{1 + \left(\frac{M}{x_0} - 1\right) e^{-\alpha}}$$

とすると

$$\alpha = \log\left(\frac{x(1)(M - x_0)}{x_0(M - x(1))}\right) = \log\left(\frac{7.2 \times (200 - 5.3)}{5.3 \times (200 - 7.2)}\right) \fallingdotseq 0.316$$

を得る．従って，$x_0 = 5.3 \times 10^6$, $M = 200 \times 10^6$, $\alpha = 0.316$ とするフェルフルストのモデルによる 10 年後の 1820 年の人口予測は (1.10) より

$$x(2) = \frac{M}{1 + \left(\frac{M}{x_0} - 1\right) e^{-2\alpha}} \fallingdotseq 9.74$$

となる．同様に (1.10) から理論値 $x(3), x(4), \cdots$ を求めたものが表の Verhulst の欄である．理論値は 100 年以上に渡って調査値に比較的近い値を示している．

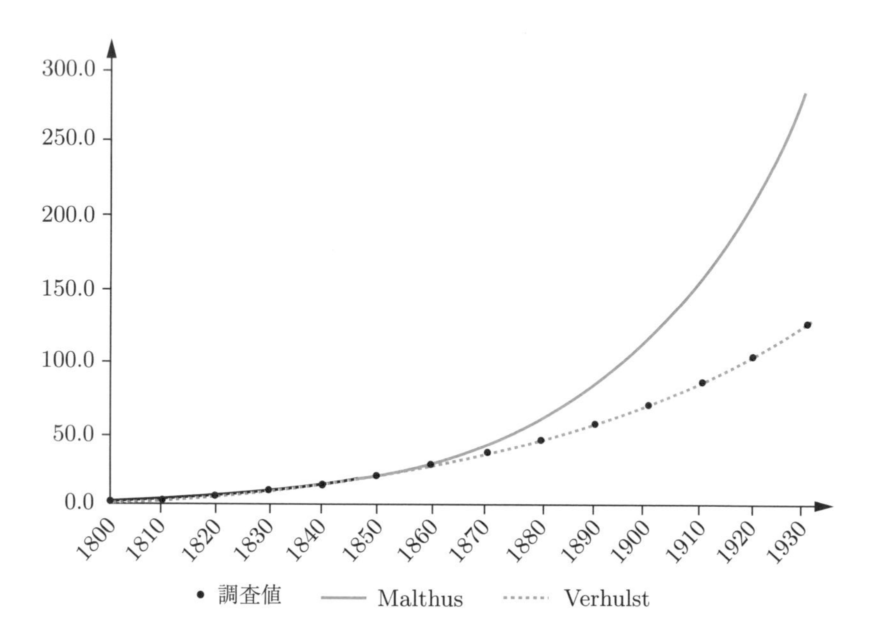

1.2 2階線形微分方程式

◆ 2階線形微分方程式 ◆

$a(t) \neq 0$ として，x, $\frac{dx}{dt}$, $\frac{d^2x}{dt^2}$ について線形である微分方程式

$$a(t)\frac{d^2x}{dt^2} + b(t)\frac{dx}{dt} + c(t)x = f(t)$$

を**2階線形微分方程式**という．また, $f(t) \equiv 0$ のとき**斉次**であるといい, $f(t) \neq 0$ のとき**非斉次**であるという．

任意定数を2つ含む解を**一般解**といい，この定数に具体的な値を代入した解を**特解**または**特殊解**という．特に，係数 $a(t), b(t), c(t)$ が定数のときは特性方程式を利用した方法で一般解を求めることができる．

斉次線形微分方程式に対しては次の**重ね合わせの原理**が成り立つ．

定 理 1.3（**重ね合わせの原理**） x_1, x_2 が斉次線形微分方程式

$$a(t)\frac{d^2x}{dt^2} + b(t)\frac{dx}{dt} + c(t)x = 0$$

の解ならば，その1次結合 $c_1x_1 + c_2x_2$（c_1, c_2 は定数）も解となる．

証明 $a(t)(c_1x_1 + c_2x_2)'' + b(t)(c_1x_1 + c_2x_2)' + c(t)(c_1x_1 + c_2x_2)$

$$= c_1\left(a(t)x_1'' + b(t)x_1' + c(t)x_1\right) + c_2\left(a(t)x_2'' + b(t)x_2' + c(t)x_2\right)$$

$$= c_1 \cdot 0 + c_2 \cdot 0 = 0$$

だから $c_1x_1 + c_2x_2$ は解である． ■

注意 $c_1x_1 + c_2x_2$（c_1, c_2 は任意定数）が一般解であるとき，x_1, x_2 は1次独立である．（すなわち，$x_1 = kx_2$ を満たす定数 $k \neq 0$ は存在しない．）

◆ 調和振動モデル ◆

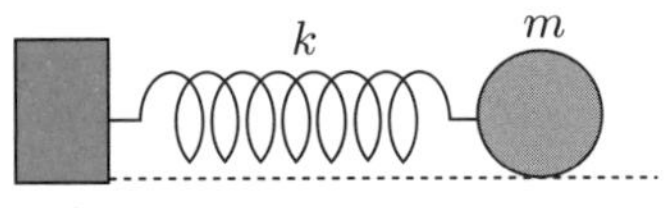

摩擦の無い理想的な床の上に置かれたバネの一方の端点を固定し，他方に質量 m のおもりを取り付け引っ張って離すとおもりは振動する．この運動を**単振動**または**調和振動**という．平衡点を原点0とし，x 軸上のおもりの位置（バネの伸び）を x とすると，フック（R.Hooke 1635–1703）の弾性の法則よりおもりには $f = -kx$（$k > 0$ は弾性係数）の力が働く．一方，ニュートン（I.Newton

1642–1727）の力学の法則（力 = 質量 × 加速度）より $f = m\frac{d^2x}{dt^2}$ だからバネの伸び x に対する支配方程式は

$$m\frac{d^2x}{dt^2} = -kx \quad すなわち \quad m\frac{d^2x}{dt^2} + kx = 0 \tag{1.17}$$

となる．ここで (1.17) の解の候補として $x = e^{\lambda t}$ をためしてみると

$$m\frac{d^2x}{dt^2} + kx = e^{\lambda t}(m\lambda^2 + k) = 0$$

だから $e^{\lambda t} \neq 0$ より $m\lambda^2 + k = 0$ を得る．これを λ について解くと，$\lambda = \pm i\sqrt{\frac{k}{m}}$（ただし $i = \sqrt{-1}$ は虚数単位）だから

$$e^{i\sqrt{\frac{k}{m}}t} \quad と \quad e^{-i\sqrt{\frac{k}{m}}t}$$

は (1.17) の解となる．従って，定理 1.3 より $x = c_1e^{i\sqrt{\frac{k}{m}}t} + c_2e^{-i\sqrt{\frac{k}{m}}t}$（$c_1$, c_2 は任意定数）は (1.17) の一般解となる．

しかし，x はバネの伸びだから実関数の一般解を求めておきたい．そこで，**オイラー（Euler）の公式**（$e^{i\theta} = \cos\theta + \sin\theta$）を用いると

$$\cos\sqrt{\frac{k}{m}}\,t = \frac{1}{2}\left(e^{i\sqrt{\frac{k}{m}}t} + e^{-i\sqrt{\frac{k}{m}}t}\right)$$
$$\sin\sqrt{\frac{k}{m}}\,t = \frac{1}{2i}\left(e^{i\sqrt{\frac{k}{m}}t} - e^{-i\sqrt{\frac{k}{m}}t}\right)$$

だから定理 1.3 より $\cos\sqrt{\frac{k}{m}}\,t$ と $\sin\sqrt{\frac{k}{m}}\,t$ も (1.17) の解となる．従って，再び定理 1.3 より (1.17) の実関数の一般解として

$$x = c_1\cos\sqrt{\frac{k}{m}}\,t + c_2\sin\sqrt{\frac{k}{m}}\,t$$

（c_1, c_2 は任意定数）を得る．さらに，これを変形（加法定理を利用）して

$$x = A\sin\left(\sqrt{\frac{k}{m}}\,t + \theta\right)$$

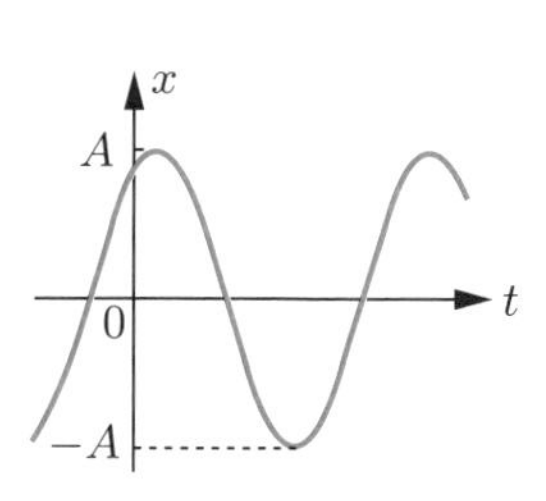

を得る．ただし，$A = \sqrt{c_1^2 + c_2^2}$，$\tan\theta = \dfrac{c_1}{c_2}$ $\left(-\dfrac{\pi}{2} < \theta < \dfrac{\pi}{2}\right)$ である．この曲線は振幅 A で周期 $2\pi\sqrt{\dfrac{m}{k}}$ の**単振動**または**調和振動**を表す．

♦ 減衰振動モデル ♦

おもりに抵抗がはたらき，その抵抗力がおもりの速度に比例する場合のおもりの運動方程式は

$$m\frac{d^2x}{dt^2}+p\frac{dx}{dt}+kx=0 \tag{1.18}$$

となる．ただし，$m, p, k > 0$ はそれぞれ質量，抵抗係数，弾性係数である．

(1.18) の解の候補として $x = e^{\lambda t}$ をためしてみると

$$m\frac{d^2x}{dt^2}+p\frac{dx}{dt}+kx=e^{\lambda t}\left(m\lambda^2+p\lambda+k\right)=0$$

だから $e^{\lambda t} \neq 0$ より

$$m\lambda^2+p\lambda+k=0$$

を得る．これを (1.18) の**特性方程式**といい，その解を**特性根**という．特性方程式を解くと

$$\lambda=\frac{-1}{2m}\left(p\pm\sqrt{D}\right),\quad D=p^2-4mk$$

だから

$$e^{\frac{-1}{2m}(p-\sqrt{D})t} \quad と \quad e^{\frac{-1}{2m}(p+\sqrt{D})t}$$

は (1.18) の解となる．

従って，線形微分方程式に対する重ね合わせの原理（定理 1.3 参照）から (1.18) の一般解を得ることができる．一方，解の様子は判別式 $D = p^2 - 4mk$ の符号から分かる．

(1) $\boldsymbol{D = p^2 - 4mk > 0}$ **の場合**：(1.18) の一般解として

$$x=c_1e^{\frac{-1}{2m}(p-\sqrt{D})t}+c_2e^{\frac{-1}{2m}(p+\sqrt{D})t}$$

（c_1, c_2 は任意定数）を得る．

おもりは振動することなく指数関数的に減衰していくことを意味する．

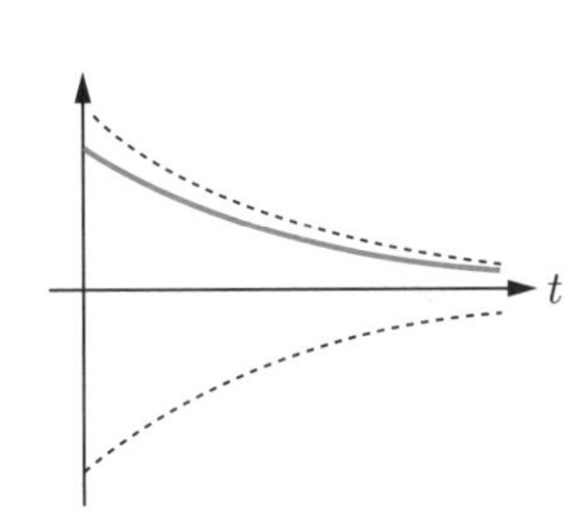

(2) $\boldsymbol{D = p^2 - 4mk = 0}$ **の場合**：$\lambda = \dfrac{-p}{2m}$ だから $x = e^{\frac{-p}{2m}t}$ は (1.18) の1つの解となる．さらに

$$x = te^{\frac{-p}{2m}t}$$

も解となることが直接 (1.18) に代入して確かめられる（問 1.10 参照）．従って，(1.18) の一般解として

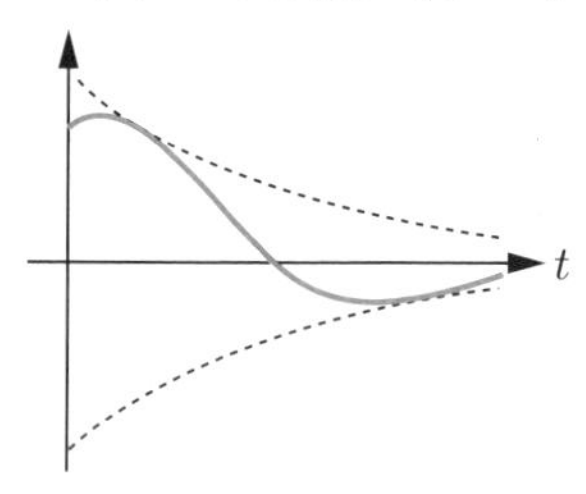

$$x = c_1 e^{\frac{-p}{2m}t} + c_2 te^{\frac{-p}{2m}t} = e^{\frac{-p}{2m}t}(c_1 + c_2 t)$$

（c_1, c_2 は任意定数）を得る．

おもりは振動することなく指数関数的に減衰していくことを意味する．

(3) $\boldsymbol{D = p^2 - 4mk < 0}$ **の場合**：$\beta = \dfrac{\sqrt{-D}}{2m}$ とおくと

$$e^{\frac{-1}{2m}(p-\sqrt{D})t} = e^{\frac{-p}{2m}t}e^{i\beta t} \quad と \quad e^{\frac{-1}{2m}(p+\sqrt{D})t} = e^{\frac{-p}{2m}t}e^{-i\beta t}$$

は (1.18) の解だからオイラーの公式より

$$e^{\frac{-p}{2m}t}\cos\beta t = e^{\frac{-p}{2m}t}\frac{1}{2}\left(e^{i\beta t} + e^{-i\beta t}\right)$$
$$e^{\frac{-p}{2m}t}\sin\beta t = e^{\frac{-p}{2m}t}\frac{1}{2i}\left(e^{i\beta t} - e^{-i\beta t}\right)$$

だから定理 1.3 から $e^{\frac{-p}{2m}t}\cos\beta t$ と $e^{\frac{-p}{2m}t}\sin\beta t$ も (1.18) の解となる．従って，再び定理 1.3 から (1.18) の実関数の一般解として

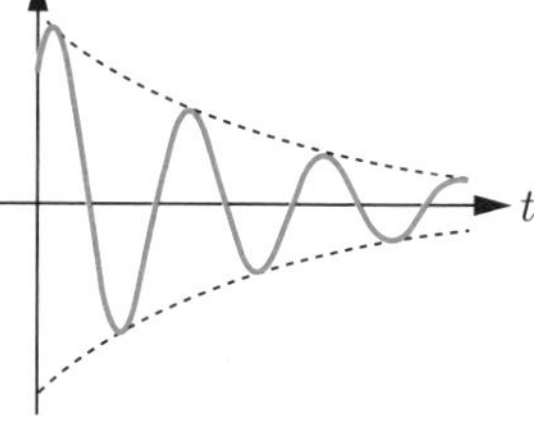

$$x = e^{\frac{-p}{2m}t}(c_1\cos\beta t + c_2\sin\beta t)$$

（c_1, c_2 は任意定数）を得る．

おもりは振動しながら指数関数的に減衰していくことを意味する．

問 1.10 $p^2 - 4mk = 0$ のとき $x = te^{\frac{-p}{2m}t}$ は (1.18) の解となることを示せ．

♦ 斉次定数係数線形微分方程式の一般解 ♦

これまでの考察から一般に次のことが分かる．

定　理 1.4　$m, p, k \in \boldsymbol{R},\ m \neq 0$ とする．

$$m\frac{d^2x}{dt^2} + p\frac{dx}{dt} + kx = 0$$

の一般解 $x = x(t)$ は次で与えられる．ここで特性方程式 $m\lambda^2+p\lambda+k=0$ の特性根を λ_1，λ_2 とする．

(1)　$\lambda_1 \neq \lambda_2$ のとき　$x = c_1e^{\lambda_1 t} + c_2e^{\lambda_2 t}$

(2)　$\lambda_1 = \lambda_2 = \alpha$ のとき　$x = e^{\alpha t}(c_1 + c_2t)$

(3)　$\lambda_1 = \alpha + i\beta\ (\beta \neq 0)$,
　　$\lambda_2 = \alpha - i\beta$ のとき　$x = e^{\alpha t}(c_1\cos\beta t + c_2\sin\beta t)$

ただし，c_1, c_2 は任意定数である．

例 1.9　$\begin{cases} x' + y = 0 \\ y' - x = 0 \end{cases}$ の一般解を求めてみよう．

解　第 1 式を微分して第 2 式に代入すると

$$x'' + y' = 0 \quad \text{すなわち} \quad x'' + x = 0$$

ここで，特性方程式 $\lambda^2 + 1 = 0$ を解くと $\lambda = \pm i$ だから $x = c_1\cos t + c_2\sin t$ を得る．さらに，第 1 式より $y = -x' = c_1\sin t - c_2\cos t$ となる．従って，与式の一般解として

$$x = c_1\cos t + c_2\sin t, \quad y = c_1\sin t - c_2\cos t$$

(c_1, c_2 は任意定数) を得る．■

問 1.11　次の微分方程式の一般解を求めよ．

(1) $x'' + 2x' - 3x = 0$　(2) $x'' + 4x' + 4x = 0$　(3) $x'' + x' + x = 0$

(4) $4x'' + 3x' = 0$　(5) $9x'' - 6x' + x = 0$　(6) $3x'' - 4x' + 2x = 0$

(7) $x' + y = 0,\ y' + x = 0$　(8) $x' + x - y = 0,\ y' - 2x + y = 0$

1.3　非斉次2階線形微分方程式

♦ 一般解と特解 ♦

非斉次方程式

$$a(t)\frac{d^2x}{dt^2}+b(t)\frac{dx}{dt}+c(t)x=f(t) \tag{1.19}$$

の一般解は，1つの特解と対応する斉次方程式

$$a(t)\frac{d^2x}{dt^2}+b(t)\frac{dx}{dt}+c(t)x=0 \tag{1.20}$$

の一般解を用いて求めることができる．

定理 1.5　(1.20) の一般解を $u(t)$ とし，(1.19) の1つの特解を $y(t)$ とする．このとき，(1.19) の一般解は $x(t)=u(t)+y(t)$ で与えられる．すなわち

$$\{\text{一般解}\}=\{\text{斉次方程式の一般解}\}+\{\text{特解}\}$$

証明　$u(t)$, $y(t)$ はそれぞれ (1.20), (1.19) を満たすから

$$\begin{aligned}
&a(t)x''+b(t)x'+c(t)x\\
&=a(t)(u''+y'')+b(t)(u'+y')+c(t)(u+y)\\
&=(a(t)u''+b(t)u'+c(t)u)+(a(t)y''+b(t)y'+c(t)y)\\
&=0+f(t)=f(t)
\end{aligned}$$

また，$u(t)$ は2個の任意定数を含んでいるので $x(t)=u(t)+y(t)$ も2個の任意定数を含む．よって，$x(t)=u(t)+y(t)$ は (1.19) の一般解となる．■

特に，(1.19) が定数係数の方程式の場合には，定理 1.4 より対応する斉次方程式の一般解が分かっているので，(1.19) の特解を1つ見つければ一般解も求まることになる．

♦ RLC 回路 ♦

電源に抵抗器，コイル，コンデンサーが直列に繋がった RLC 回路を考える．この電気回路内では起電力 $E(t)$ により電荷 $Q(t)$ が移動して電流 $x(t)$ が流れる．また，電流は電荷の変化率だから $x=\dfrac{dQ}{dt}$ である．

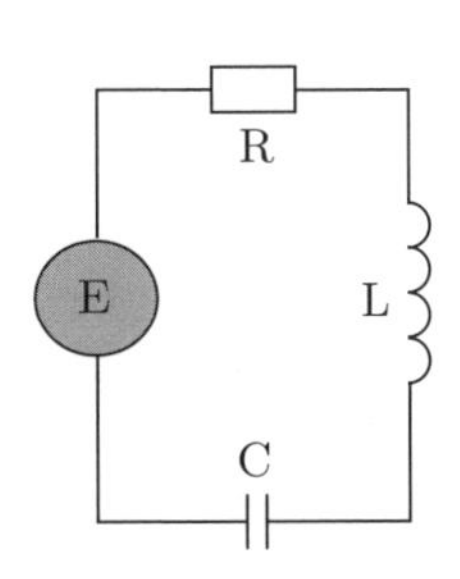

1. 抵抗率 R の抵抗器はオームの法則より
「電圧降下 $E_{\mathrm{R}}(t) = \mathrm{R}\,x(t)$」を生じる
2. 自己伝導率 L（インダクタンス）のコイルは
「電圧降下 $E_{\mathrm{L}}(t) = \mathrm{L}\,\dfrac{dx(t)}{dt}$」を生じる
3. 電気容量 C（キャパシタンス）のコンデンサーは
「電圧降下 $E_{\mathrm{C}}(t) = \mathrm{C}^{-1}Q(t)$」を生じる

さらに，キルヒホッフの電圧の法則「閉回路では，起電力 $E(t)$ はそれ以外の電圧降下の和に等しい」すなわち $E_{\mathrm{R}}(t) + E_{\mathrm{L}}(t) + E_{\mathrm{C}}(t) = E(t)$ の下でこの電気回路の支配方程式は

$$\mathrm{R}\,x + \mathrm{L}\,\frac{dx}{dt} + \mathrm{C}^{-1}Q = E(t)$$

となる．ここで，両辺を t で微分し，$\dfrac{dQ}{dt} = x$ を代入すると

$$\mathrm{L}\,\frac{d^2x}{dt^2} + \mathrm{R}\,\frac{dx}{dt} + \mathrm{C}^{-1}x = \frac{dE(t)}{dt}$$

を得る．

(1) $E(t) =$ 定数 E_0，すなわち，電源が直流のとき

$$\mathrm{L}\,\frac{d^2x}{dt^2} + \mathrm{R}\,\frac{dx}{dt} + \mathrm{C}^{-1}x = 0 \tag{1.21}$$

となる．これは斉次定数係数微分方程式だから定理 1.4 より一般解が求まる．

注意　現象は異なっていても，RLC 回路の支配方程式 (1.21) とバネの振動モデル (1.18) は同じ方程式で表現できていることが分かり，数学の普遍性が感じ取れる．

(2) $E(t) = E_0 \sin\omega t$（E_0, ω は定数），すなわち，電源が交流のときを考える．議論を簡単にするために $\mathrm{L} = \mathrm{R} = \mathrm{C} = 1$ として

$$\frac{d^2x}{dt^2} + \frac{dx}{dt} + x = E_0\omega\cos\omega t \tag{1.22}$$

の一般解を求めてみよう．

特性方程式 $\lambda^2 + \lambda + 1 = 0$ を解くと $\lambda = \dfrac{-1 \pm \sqrt{3}\,i}{2}$ だから対応する斉次方程式 $x'' + x' + x = 0$ の一般解として

$$u(t) = e^{-\frac{1}{2}t}\left(c_1 \cos\frac{\sqrt{3}}{2}t + c_2 \sin\frac{\sqrt{3}}{2}t\right)$$

（c_1, c_2 は任意定数）を得る．

次に，(1.22) の特解の候補として

$$y(t) = A\cos\omega t + B\sin\omega t$$

をためしてみる．（このように未定の係数を用いる方法を**未定係数法**という．）ここで，$y' = -A\omega\sin\omega t + B\omega\cos\omega t$, $y'' = -A\omega^2\cos\omega t - B\omega^2\sin\omega t$ より

$$\begin{aligned}&\frac{d^2y}{dt} + \frac{dy}{dt} + y \\ &= \big((1-\omega^2)A + \omega B\big)\cos\omega t + \big(-\omega A + (1-\omega^2)B\big)\sin\omega t\end{aligned}$$

だから $E_0\omega\cos\omega t$ と係数比較して

$$(1-\omega^2)A + \omega B = E_0\omega\,, \quad -\omega A + (1-\omega^2)B = 0$$

これを解けば

$$A = \frac{E_0\omega(1-\omega^2)}{\omega^4 - \omega^2 + 1}\,, \quad B = \frac{E_0\omega^2}{\omega^4 - \omega^2 + 1}$$

従って，(1.22) の一般解として $x(t) = u(t) + y(t)$ すなわち

$$\begin{aligned}x(t) &= e^{-\frac{1}{2}t}\left(c_1 \cos\frac{\sqrt{3}}{2}t + c_2 \sin\frac{\sqrt{3}}{2}t\right) \\ &\quad + \frac{E_0\omega(1-\omega^2)}{\omega^4 - \omega^2 + 1}\cos\omega t + \frac{E_0\omega^2}{\omega^4 - \omega^2 + 1}\sin\omega t\end{aligned}$$

（c_1, c_2 は任意定数）を得る．

また，$t \to \infty$ のとき $u(t) \to 0$ より $x(t)$ は $y(t)$ に漸近することが分かる．

例 1.10　$x'' - 6x' + 9x = 4e^{3t}$ の一般解を求めてみよう．

解　特性方程式 $\lambda^2 - 6\lambda + 9 = (\lambda - 3)^2 = 0$ を解くと $\lambda = 3$（重複度 2）だから対応する斉次方程式 $x'' - 6x' + 9x = 0$ の一般解として $u = e^{3t}(c_1 + c_2 t)$（c_1, c_2 は任意定数）を得る．

次に，与式の特解の候補として

$$y = At^2 e^{3t}$$

をためしてみる．（ここで，e^{3t} や te^{3t} は斉次方程式の解だから与式の特解の候補から除いていることに注意しておく．）$y' = A(2t+3t^2)e^{3t}$，$y'' = A(2+12t+9t^2)e^{3t}$ より $y''-6y'+9y = 2Ae^{3t}$ だから $2A=4$ すなわち $A=2$ となる．

従って，与式の一般解として

$$x = u + y = e^{3t}\left(c_1 + c_2 t + 2t^2\right)$$

（c_1, c_2 は任意定数）を得る．■

注意　未定係数法で非斉次方程式 (1.19) の特解 y を求める場合には，$f(t)$ の項に応じて次のような関数を特解 y の候補としてためしてみるとよい．

$f(t)$ の項	特解 y の候補
(i) $k\,e^{\alpha t}$	(i) $A\,e^{\alpha t}$
(ii) $k\,t^n$	(ii) $A_n t^n + \cdots + A_1 t + A_0$　$(n = 0, 1, \cdots)$
(iii) $k\cos\beta t$	(iii) $A\cos\beta t + B\sin\beta t$
(iv) $k\sin\beta t$	(iv) $A\cos\beta t + B\sin\beta t$

ただし，これで特解が見つからないときや，特性方程式の特性根に (i) α (ii) 0 (iii) $i\beta$ (iv) $i\beta$ が含まれているときには，上記の関数に t や t^2 を掛けたものを改めて特解 y の候補としてためすことになる．なお，特解 y の候補には，対応する斉次方程式の解となる関数の項は除いて考えてよい．

問 1.12　次の微分方程式の一般解を求めよ．

(1) $x'' + 9x = t$　　(2) $x'' - 4x' + 4x = e^{2t}$

(3) $x'' + 4x' + 3x = 3t^2 + 2t + 3$　　(4) $x'' + 2x' + 3x = \cos t$

(5) $x'' - 2x' + x = e^t \sin t$　　(6) $3x'' - 2x' - x = e^{-t} + e^t$

問 1.13　次の初期値問題を解け．

(1) $x'' + 4x = 15\sin t$，$x(0) = 2$，$x'(0) = -1$

(2) $x'' - x' = e^t + 2t$，$x(0) = 1$，$x'(0) = 2$

◆◆ コラム ◆◆

例 1.10 では，未定係数法を用いて $L(x) = 4e^{3t}$（ただし，$L(x) = x'' - 6x' + 9x$）の一般解を求めたが，（問 1.8 でも用いた）**定数変化法**による解法も有効である．

別解1 斉次方程式 $L(x) = 0$ は $x = ce^{3t}$（c は任意定数）を解に持つので，$x = e^{3t}u$ が $L(x) = 4e^{3t}$ を満たすように関数 $u = u(t)$ を定めればよい．実際，t で微分すると $x' = (e^{3t})'u + e^{3t}u'$, $x'' = (e^{3t})''u + 2(e^{3t})'u' + e^{3t}u''$ だから $L(e^{3t}) = 0$ より

$$\begin{aligned} L(x) &= L(e^{3t})u + \left(2(e^{3t})' - 6e^{3t}\right)u' + e^{3t}u'' \\ &= e^{3t}u'' = 4e^{3t} \end{aligned}$$

となり，$u'' = 4$ を得る．従って，これを積分すると $u' = 4t + c_1$, $u = 2t^2 + c_1 t + c_2$ だから $L(x) = 4e^{3t}$ の一般解として

$$x = e^{3t}u = e^{3t}\left(2t^2 + c_1 t + c_2\right)$$

（c_1, c_2 は任意定数）を得る．

別解2 斉次方程式 $L(x) = 0$ は $x = c_1 e^{3t} + c_2 e^{3t} t$（$c_1, c_2$ は任意定数）を解に持つので，$x = e^{3t}u + (e^{3t}t)v$ が $L(x) = 4e^{3t}$ を満たすように関数 $u = u(t)$ と $v = v(t)$ を定めればよい．実際，t で微分すると $x' = (e^{3t})'u + (e^{3t}t)'v + e^{3t}u' + (e^{3t}t)v'$ だから，ここで

$$e^{3t}u' + (e^{3t}t)v' = 0 \tag{1.23}$$

とおき，さらに微分すると $x'' = (e^{3t})''u + (e^{3t}t)''v + (e^{3t})'u' + (e^{3t}t)'v'$ だから $L(e^{3t}) = L(e^{3t}t) = 0$ より $L(x) = L(e^{3t})u + L(e^{3t})v + (e^{3t})'u' + (e^{3t}t)'v' = (e^{3t})'u' + (e^{3t}t)'v'$ となり

$$(e^{3t})'u' + (e^{3t}t)'v' = 4e^{3t} \tag{1.24}$$

を得る．従って，(1.23), (1.24) を u', v' について解くと，$u' = -4t$, $v' = 4$ が分かる．これを積分すると $u = -2t^2 + \widetilde{c_1}$, $v = 4t + \widetilde{c_2}$ だから $L(x) = 4e^{3t}$ の一般解として

$$x = e^{3t}(-2t^2 + \widetilde{c_1}) + (e^{et}t)(4t + \widetilde{c_2}) = e^{3t}\left(\widetilde{c_1} + \widetilde{c_2}t + 2t^2\right)$$

（$\widetilde{c_1}, \widetilde{c_2}$ は任意定数）を得る．

この解法は一般の線形微分方程式 (1.19) にも適応できる．なお，関数 $x_1 = x_1(t)$, $x_2 = x_2(t)$ のロンスキアン $W(x_1, x_2)$ は

$$W(x_1, x_2) = \begin{vmatrix} x_1 & x_2 \\ x_1' & x_2' \end{vmatrix} \quad \left(= x_1 x_2' - x_2 x_1'\right)$$

（(2.23) 参照）であり，一般解に関する次の定理で必要となる．

定　理　1.6　$L(x) = a(t)x'' + b(t)x' + c(t)x$ のとき，斉次方程式 $L(x) = 0$ の一般解 $x = c_1x_1 + c_2x_2$（c_1, c_2 は任意定数）が分かっているならば，非斉次方程式 $L(x) = f(t)$ の一般解は

$$x = \widetilde{c_1}x_1 + \widetilde{c_2}x_2 + x_1\int\frac{-f(t)x_2}{W(x_1, x_2)}\,dt + x_2\int\frac{f(t)x_1}{W(x_1, x_2)}\,dt$$

（$\widetilde{c_1}, \widetilde{c_2}$ は任意定数）で与えられる．

証明　斉次方程式 $L(x) = 0$ は $x = c_1x_1 + c_2x_2$ を解に持つので，$x = x_1u + x_2v$ が $L(x) = f(t)$ を満たすように関数 $u = u(t)$ と $v = v(t)$ を定めればよい．実際，t で微分すると

$$x' = x_1'u + x_2'v + x_1u' + x_2v'$$

だから，ここで

$$x_1u' + x_2v' = 0 \tag{1.25}$$

とおき，さらに微分すると $x'' = x_1''u + x_2''v + x_1'u' + x_2'v'$ だから $L(x_1) = L(x_2) = 0$ より

$$L(x) = L(x_1)u + L(x_2)v + x_1'u' + (x_2)'v' = x_1'u' + x_2'v'$$

となり

$$x_1'u' + x_2'v' = f(t) \tag{1.26}$$

を得る．従って，(1.25), (1.26) を u', v' について解くと

$$u' = \frac{-f(t)x_2}{W(x_1, x_2)}, \quad v' = \frac{f(t)x_1}{W(x_1, x_2)}, \quad W(x_1, x_2) = \begin{vmatrix} x_1 & x_2 \\ x_1' & x_2' \end{vmatrix}$$

が分かる．これを積分すると

$$u = \int\frac{-f(t)x_2}{W(x_1, x_2)}\,dt + \widetilde{c_1}, \quad v = \int\frac{f(t)x_1}{W(x_1, x_2)}\,dt + \widetilde{c_2}$$

だから $L(x) = f(t)$ の一般解として

$$x = \widetilde{c_1}x_1 + \widetilde{c_2}x_2 + x_1\int\frac{-f(t)x_2}{W(x_1, x_2)}\,dt + x_2\int\frac{f(t)x_1}{W(x_1, x_2)}\,dt$$

（$\widetilde{c_1}, \widetilde{c_2}$ は任意定数）を得る．　■

1.4　惑星の運動モデル

◆ 非線形微分方程式 ◆

多くの現象は複雑であるためそれを記述する数理モデルは非線形微分方程式となり簡単には解けない．しかし，まれにはうまい式変形や変数変換によって線形微分方程式や1階微分方程式に帰着することで明示的に解けることがある．

◆ 惑星の運動 ◆

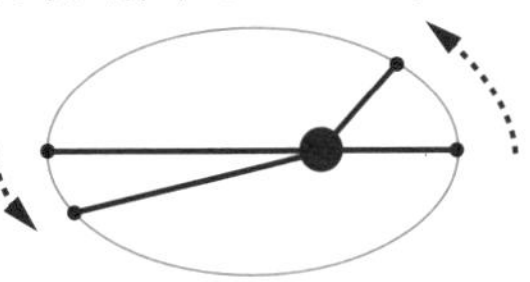

ドイツの天文学者ケプラー（J.Kepler 1571–1630）は1599年に天文学者ティコ・ブラーエ（T.Brahe 1546–1601）の助手となり後にティコが残した膨大な観測データをもとに惑星の運動に関する3つの法則を発見した．

ケプラーの法則

第1法則：楕円軌道の法則
　i.e. 惑星は太陽を焦点とする楕円軌道を描く．

第2法則：面積速度一定の法則
　i.e. 惑星の動径が単位時間に描く面積は一定である．

第3法則：調和の法則
　i.e. 惑星の公転周期の2乗は軌道の長径の3乗に比例する．

微分積分学を発見したニュートン（I.Newton 1642–1727）は，ケプラーの法則をもとに万有引力の法則（逆平方重力の法則）を発見した．

万有引力の法則

質量 M の太陽を中心とする質量 m の惑星の位置ベクトルを $\boldsymbol{p}$ とするとき，惑星に働く力 $\boldsymbol{F}$ は

$$\boldsymbol{F} = -G\frac{mM}{r^2}\frac{\boldsymbol{p}}{r}, \quad r = |\boldsymbol{p}| \tag{1.27}$$

である．ただし，G は万有引力定数である．

このとき

$$|\boldsymbol{F}| = G\frac{mM}{r^2}$$

が成り立ち，惑星に働く力の大きさ $|\boldsymbol{F}|$ は太陽までの距離 r の2乗に反比例することが分かる．また，ニュートンの力学の法則より $\boldsymbol{F} = m\dfrac{d^2\boldsymbol{p}}{dt^2}$ だから

$$\frac{d^2\boldsymbol{p}}{dt^2} = -\frac{GM}{r^3}\boldsymbol{p} \tag{1.28}$$

が成り立つ．

♦ 万有引力の法則とケプラーの法則の関係 ♦

微分方程式を用いてニュートンの万有引力の法則からケプラーの法則を理論的に導くことができる．

まず，惑星は平面内を運動することを示すことから始める．

位置ベクトル $\boldsymbol{p}$ と運動量 $m\dfrac{d\boldsymbol{p}}{dt}$ との外積 $\boldsymbol{q} = m\boldsymbol{p} \times \dfrac{d\boldsymbol{p}}{dt}$ を**角運動量**といい，次が成り立つ．

> **定 理 1.7**（角運動量の保存則）　太陽を中心とする惑星の角運動量は定ベクトルである．

証明　(1.28) より

$$\frac{d\boldsymbol{q}}{dt} = m\frac{d}{dt}\left(\boldsymbol{p} \times \frac{d\boldsymbol{p}}{dt}\right) = m\frac{d\boldsymbol{p}}{dt} \times \frac{d\boldsymbol{p}}{dt} + m\boldsymbol{p} \times \frac{d^2\boldsymbol{p}}{dt^2} = m\boldsymbol{p} \times \frac{d^2\boldsymbol{p}}{dt^2}$$
$$= -G\frac{mM}{r^3}\boldsymbol{p} \times \boldsymbol{p} = \boldsymbol{0}$$

よって，$\boldsymbol{q} =$ 定ベクトル $\boldsymbol{q}_0$ となる．■

$\boldsymbol{q}_0 \neq \boldsymbol{0}$ のとき，$\boldsymbol{q}_0 \perp \boldsymbol{p}(t)$ かつ $\boldsymbol{q}_0 \perp \boldsymbol{p}'(t)$ を意味するので惑星は太陽を通るベクトル $\boldsymbol{q}_0$ と垂直な平面内を運動する．また，$\boldsymbol{q}_0 = \boldsymbol{0}$ のとき，$\boldsymbol{p}(t) \times \boldsymbol{p}'(t) = \boldsymbol{0}$ より $\boldsymbol{p}(t) = |\boldsymbol{p}(t)|\boldsymbol{c}$（$\boldsymbol{c}$ は定ベクトル）と書ける（問 1.14 参照）．すなわち，惑星は太陽を通る直線上を運動する．従って，惑星は平面内を運動することになる．これをケプラーの第 0 法則という．

周期的な運動を考えているので，以下では $\boldsymbol{q}_0 \neq \boldsymbol{0}$ とする．

注意　空間ベクトル $\boldsymbol{a}, \boldsymbol{b}$ の外積に関して (i) $\boldsymbol{a} \times \boldsymbol{b} = -\boldsymbol{b} \times \boldsymbol{a}$ (ii) $k\boldsymbol{a} \times \boldsymbol{b} = \boldsymbol{a} \times k\boldsymbol{b} = k(\boldsymbol{a} \times \boldsymbol{b})$ (iii) $(\boldsymbol{a} + \boldsymbol{b}) \times \boldsymbol{c} = \boldsymbol{a} \times \boldsymbol{c} + \boldsymbol{b} \times \boldsymbol{c}$ が成り立つ．

問 1.14　$\boldsymbol{a}(t) \neq 0$ のとき次の同値性を示せ．なお，・は内積．

(1) 内積に関して $\boldsymbol{a}(t) \cdot \boldsymbol{a}'(t) = 0 \iff |\boldsymbol{a}(t)|$ は定数

(2) 外積に関して $\boldsymbol{a}(t) \times \boldsymbol{a}'(t) = \boldsymbol{0} \iff \dfrac{\boldsymbol{a}(t)}{|\boldsymbol{a}(t)|}$ は定ベクトル

惑星が運動する平面を xy 平面とし，xyz 空間における惑星の位置を $\mathrm{P}=(x(t),y(t),0)$ とする．さらに x 軸からの P の回転角を $\theta(t)$, 原点からの距離を $r(t)$（すわなち位置ベクトルの大きさ $|\boldsymbol{p}(t)|=r(t)$）とすると，$x(t)$ と $y(t)$ の極形式は

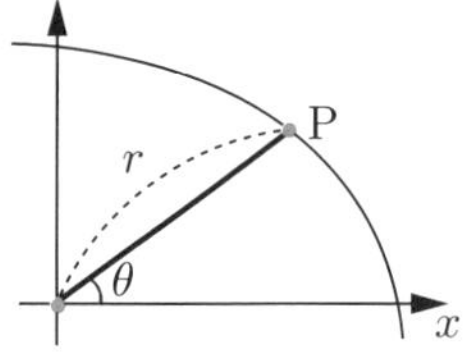

$$x(t)=r(t)\cos\theta(t)\,,\quad y(t)=r(t)\sin\theta(t)$$

となる．このとき

$$x'=r'\cos\theta-r\theta'\sin\theta\,,\quad y'=r'\sin\theta+r\theta'\cos\theta$$
$$x''=(r''-r(\theta')^2)\cos\theta-(2r'\theta'+r\theta'')\sin\theta$$
$$y''=(r''-r(\theta')^2)\sin\theta+(2r'\theta'+r\theta'')\cos\theta$$

だから (1.28) すなわち

$$\begin{pmatrix}x''\\y''\\0\end{pmatrix}=-\frac{GM}{r^3}\begin{pmatrix}x\\y\\0\end{pmatrix}$$

に代入して

$$(r''-r(\theta')^2)\begin{pmatrix}\cos\theta\\\sin\theta\\0\end{pmatrix}+(2r'\theta'+r\theta'')\begin{pmatrix}-\sin\theta\\\cos\theta\\0\end{pmatrix}=-\frac{GM}{r^2}\begin{pmatrix}\cos\theta\\\sin\theta\\0\end{pmatrix} \tag{1.29}$$

を得る．従って，惑星の運動に関する支配方程式は

$$\text{(a)}\quad \frac{d^2r}{dt^2}-r\left(\frac{d\theta}{dt}\right)^2=-\frac{GM}{r^2}\quad \text{かつ}\quad \text{(b)}\quad 2\frac{dr}{dt}\frac{d\theta}{dt}+r\frac{d^2\theta}{dt^2}=0 \tag{1.30}$$

となる．これは非線形微分方程式だからその解析にはうまい工夫が必要となる．

(i) まず，ケプラーの第2法則を導く．(1.30b) より

$$\frac{d}{dt}\left(r^2\frac{d\theta}{dt}\right)=r\left(2\frac{dr}{dt}\frac{d\theta}{dt}+r\frac{d^2\theta}{dt^2}\right)=0$$

だから

$$r^2\frac{d\theta}{dt}=\text{定数}\,H\quad \text{すなわち}\quad \frac{d\theta}{dt}=\frac{H}{r^2} \tag{1.31}$$

を得る．一方，惑星が時刻 t から $t+\Delta t$ まで動くとき，その回転角を $\Delta\theta = \theta(t+\Delta t)-\theta(t)$ とすると，太陽と惑星を結ぶ線分が動く部分の面積 ΔS は

$$\Delta S \fallingdotseq \frac{1}{2}r(t)r(t+\Delta t)\sin\Delta\theta$$

と近似できる．このとき

$$\frac{\Delta S}{\Delta t} \fallingdotseq \frac{1}{2}r(t)r(t+\Delta t)\frac{\sin\Delta\theta}{\Delta\theta}\frac{\Delta\theta}{\Delta t}$$

従って，面積速度は (1.31) より

$$\frac{dS}{dt} = \lim_{\Delta t\to 0}\frac{\Delta S}{\Delta t} = \frac{1}{2}r^2\frac{d\theta}{dt} = \frac{H}{2} \tag{1.32}$$

すなわち，面積速度一定の法則が成り立つ．

(ii) 次に，ケプラーの第 1 法則を導く．(1.30a) と (1.31) より

$$\frac{d^2r}{dt^2} - r\left(\frac{d\theta}{dt}\right)^2 = \frac{d^2r}{dt^2} - \frac{H^2}{r^3} = -\frac{GM}{r^2}$$

だから

$$-\frac{r^2}{H^2}\frac{d^2r}{dt^2} + \frac{1}{r} = \frac{GM}{H^2}$$

ここで $u = \dfrac{1}{r}$ とおき，u を θ の関数とみて $u = u(\theta) = u(\theta(t))$ に合成関数の微分法を用いると，(1.30a) より

$$\frac{du}{d\theta} = \frac{\frac{du}{dt}}{\frac{d\theta}{dt}} = \frac{-\frac{1}{r^2}\frac{dr}{dt}}{\frac{H}{r^2}} = -\frac{1}{H}\frac{dr}{dt}$$

$$\frac{d^2u}{d\theta^2} = \frac{d}{d\theta}\left(-\frac{1}{H}\frac{dr}{dt}\right) = \frac{\frac{d}{dt}\left(-\frac{1}{H}\frac{dr}{dt}\right)}{\frac{d\theta}{dt}} = \frac{-\frac{1}{H}\frac{d^2r}{dt^2}}{\frac{H}{r^2}} = -\frac{r^2}{H^2}\frac{d^2r}{dt^2}$$

だから

$$\frac{d^2u}{d\theta^2} + u = \frac{GM}{H^2}$$

を得る．これは定数係数線形微分方程式だから解ける．実際

$$\text{定数関数}\ u = \frac{GM}{H^2}$$

は1つの特解だから一般解として

$$u = c_1 \cos\theta + c_2 \sin\theta + \frac{GM}{H^2} = A\cos(\theta - \theta_0) + \frac{GM}{H^2}$$

（c_1, c_2 は任意定数，$A = \sqrt{c_1^2 + c_2^2}$, $\tan\theta_0 = \dfrac{c_2}{c_1}$ $\left(-\dfrac{\pi}{2} < \theta_0 < \dfrac{\pi}{2}\right)$）を得る．

ここで，$\omega = \theta - \theta_0$ とおくと，$u = \dfrac{1}{r}$ より

$$r = \frac{L}{1 + k\cos\omega} \qquad \left(L = \frac{H^2}{GM},\ k = AL \geqq 0\right) \tag{1.33}$$

が成り立つ．現実の惑星の運動は有界の範囲にとどまるから $-1 \leqq \cos\omega \leqq 1$ より $0 \leqq k < 1$ でなければならない．

さらに，$X = r\cos\omega$, $Y = r\sin\omega$ とおくと (1.33) より

$$r(1 + k\cos\omega) = L \quad \text{すなわち} \quad r = L - kX$$

一方，$X^2 + Y^2 = r^2$ より $X^2 + Y^2 = (L - kX)^2$ だから

$$a = \frac{L}{1 - k^2}, \quad b = \frac{L}{\sqrt{1 - k^2}}$$

とおくと

$$\frac{(X + ka)^2}{a^2} + \frac{Y^2}{b^2} = 1 \quad \text{かつ} \quad b^2 = La \tag{1.34}$$

すなわち，楕円軌道の法則が成り立つ．（$k = 0$ のときは円軌道となる．）

(iii) 最後に，ケプラーの第3法則を導く．(1.32) と (1.34) より公転周期 T は

$$\text{公転周期 } T = \frac{\text{楕円の面積}}{\text{面積速度}} = \frac{\pi ab}{\frac{H}{2}}$$

だから

$$T^2 = \frac{4\pi^2}{H^2}a^2b^2 = \frac{4\pi^2}{H^2}La^3 = \frac{4\pi^2}{GM}a^3 \tag{1.35}$$

（$\frac{4\pi^2}{GM}$ は惑星に依存しない定数である）すなわち，調和の法則が成り立つ．■

♦ 補足：ケプラーの法則と万有引力の法則の関係* ♦

今度は逆に，ケプラーの 3 つの法則からニュートンの万有引力の法則を導いてみよう．

楕円軌道の法則（(1.33) 参照）より惑星の軌道は定数 $L > 0,\ 0 < k < 1,\ \theta_0$ と極座標 (r, θ) を用いて

$$r = \frac{L}{1 + k\cos(\theta - \theta_0)} \tag{1.36}$$

で与えられているとする．また，面積速度一定の法則（(1.32) 参照）より

$$\frac{dS}{dt} = \frac{1}{2}r^2\frac{d\theta}{dt} = \frac{H}{2} \quad \text{すなわち} \quad \frac{d\theta}{dt} = \frac{H}{r^2} \tag{1.37}$$

（H は正の定数）とする．このとき，(1.36) と (1.37) より

$$\begin{aligned}
\frac{dr}{dt} &= \frac{Lk\sin(\theta - \theta_0)}{(1 + k\cos(\theta - \theta_0))^2}\frac{d\theta}{dt} = \frac{Lk\sin(\theta - \theta_0)}{(1 + k\cos(\theta - \theta_0))^2}\frac{H}{r^2} \\
&= \frac{kH}{L}\sin(\theta - \theta_0) \\
\frac{d^2r}{dt^2} &= \frac{kH}{L}\cos(\theta - \theta_0)\frac{d\theta}{dt} = \frac{kH^2}{L}\frac{\cos(\theta - \theta_0)}{r^2}
\end{aligned}$$

だから

$$\begin{aligned}
\frac{d^2r}{dt^2} - r\left(\frac{d\theta}{dt}\right)^2 &= \frac{kH^2}{L}\frac{\cos(\theta - \theta_0)}{r^2} - \frac{H^2}{r^3} \\
&= H^2\left(\frac{k\cos(\theta - \theta_0)}{L} - \frac{1 + k\cos(\theta - \theta_0)}{L}\right)\frac{1}{r^2} \\
&= -\frac{H^2}{L}\frac{1}{r^2}
\end{aligned}$$

従って，(1.37) から (1.30b) も成り立つので，(1.29) すなわち (1.28) と同等の関係式を得る．よって，ニュートンの力学の法則より惑星に働く力 $\boldsymbol{F}$ は

$$\boldsymbol{F} = -m\frac{H^2}{L}\frac{1}{r^2}\frac{\boldsymbol{p}}{r}, \quad r = |\boldsymbol{p}| \tag{1.38}$$

となる．一方，(1.36) から定まる楕円の長径 a と短径 b は

$$a = \frac{L}{1 - k^2}, \quad b = \frac{L}{\sqrt{1 - k^2}}, \quad b^2 = La$$

((1.33) 参照）だから惑星の公転周期 T に対して

$$T^2 = \frac{(\text{楕円の面積})^2}{(\text{面積速度})^2} = \frac{(\pi ab)^2}{\left(\frac{H}{2}\right)^2} = 4\pi^2 \frac{L}{H^2} a^3 \tag{1.39}$$

が成り立つ．従って，調和の法則（(1.35) 参照）より惑星の公転周期 T と軌道の長径 a との間には

$$T^2 = Ca^3 \qquad (C \text{ は惑星に依存しない定数}) \tag{1.40}$$

が成り立っているので，(1.39) と (1.40) より $\dfrac{H^2}{L} = \dfrac{4\pi^2}{C}$，すなわち $\dfrac{H^2}{L}$ は惑星に依存しない定数であることが分かる．そこで，太陽の質量 M を利用して $\dfrac{H^2}{L} = GM$（G は惑星や太陽に依存しない定数）とおくと，(1.38) より

$$\boldsymbol{F} = -G\frac{mM}{r^2}\frac{\boldsymbol{p}}{r}, \quad r = |\boldsymbol{p}|$$

を得る． ■

問 1.15 極座標 (r, θ) を用いた極方程式 $r = \dfrac{L}{1 + k\cos\theta}$ は次の曲線を表すことを示せ.

(i) $0 < k < 1$ のとき，楕円 (ii) $k = 1$ のとき，放物線

(iii) $k > 1$ のとき，双曲線

問 1.16 両端が固定された垂れ下がった紐（ひも）の形を定める曲線は関数 $y = y(x)$ のグラフ $(x, y(x))$ で与えられる．紐の最下点を原点とするときの関数 $y = y(x)$ の支配方程式は

$$\frac{d^2y}{dx^2} = \beta\sqrt{1 + \left(\frac{dy}{dx}\right)^2}$$

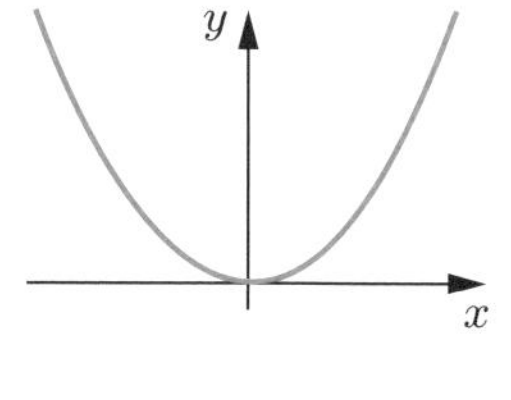

であり，条件 $y(0) = y'(0) = 0$ を満たす．このとき，解（紐の形）は $y = \dfrac{1}{\beta}(\cosh\beta x - 1)$ で与えられることを示せ．ただし，$\beta > 0$ は紐の質量，張力，重力加速度から決まる定数である．（ヒント：$v = \dfrac{dy}{dx}$ とおき低階の微分方程式に帰着する.）

1.5　生物の共存モデル

◆ 連立微分方程式 ◆

変数 t の関数 x, y についての連立微分方程式

$$\begin{cases} \dfrac{dx}{dt} = f(x,y) \\ \dfrac{dy}{dt} = g(x,y) \end{cases}$$

（f, g は C^1 級関数）では，一般に明示的な解 $x = x(t)$, $y = y(t)$ を得ることができない．そこで xy 平面を意味する相平面を利用して解の定性的性質を調べることになる．

◆ ロトカ・ヴォルテラの共存モデル ◆

ロトカ（A.Lotoka 1880–1949）とヴォルテラ（V.Volterra 1860–1940）は数理モデルを用いて 2 種の生物の関係をそれぞれ独立に考察した．2 種の生物が共存している場合には次の関係が考えられる．

1. 捕食と被食（餌）の関係　（サメと小魚，テントウムシとアブラムシなど）
2. 食物や場所をめぐる競争の関係　（ライオンとハイエナ，草木と大木など）
3. 相利共生や寄生の関係　（ヤドカリとイソギンチャク，植物と根粒菌など）

時刻 t における捕食者の個体数を $y = y(t)$ $(\geqq 0)$, 被食者（餌）の個体数を $x = x(t)$ $(\geqq 0)$ とする．まず，捕食者 y が存在しない場合には，マルサスの法則に従って餌 x が増加すると仮定すれば

$$\frac{dx}{dt} = ax, \quad a > 0$$

となる．一方，餌 x が存在しない場合には，マルサスの法則に従って捕食者 y が減少すると仮定すれば

$$\frac{dy}{dt} = -by, \quad b > 0$$

となる．さらに，2 種の生物が出会う確率はそれぞれの個体数の積 xy に比例する（質量作用の法則）を仮定して両者の影響を考慮すれば

$$\begin{cases} \dfrac{dx}{dt} = ax - kxy \\ \dfrac{dy}{dt} = -by + mxy \end{cases} \tag{1.41}$$

$(a,b,k,m$ は正の定数$)$ を得る．これを**ロトカ・ヴォルテラの共存モデル**（**被食-捕食モデル**）という．

◆ 平衡点 ◆

$P(t) = (x(t), y(t))$ を (1.41) の解の組とするとき，xy 平面上の $P(t) = (x(t), y(t))$ が表す曲線を**解曲線**といい，その軌道を**解軌道**という．また，この xy 平面のことを**相平面**という．解の一意性（定理 2.3, 定理 2.6 参照）を考慮すると各点 (x_0, y_0) を通る解曲線はただ 1 つに定まる．

解曲線の様子を知るためには，速度ベクトル $\dfrac{d}{dt}P(t) = \left(\dfrac{dx(t)}{dt}, \dfrac{dy(t)}{dt}\right)$ について調べればよい．

(1.41) を変形すれば $\dfrac{dx}{dt} = -kx\left(y - \dfrac{a}{k}\right)$, $\dfrac{dy}{dt} = my\left(x - \dfrac{b}{m}\right)$ だから

$$\frac{dx}{dt} = 0 \iff x = 0 \text{ または } y = \frac{a}{k}$$

$$\frac{dy}{dt} = 0 \iff y = 0 \text{ または } x = \frac{b}{m}$$

が分かる．ここで，$\dfrac{dx}{dt} = \dfrac{dy}{dt} = 0$ となる点を (1.41) の**平衡点**（**臨界点**，**停留点**）という．特に $(x, y) = \left(\dfrac{b}{m}, \dfrac{a}{k}\right)$ のとき，$\dfrac{dx}{dt} = \dfrac{dy}{dt} = 0$ だから定数関数 $x = \dfrac{b}{m}$, $y = \dfrac{a}{k}$ は (1.41) の解となる．これを**定常解**（時間の経過に関わらず一定値をとる解）という．

◆ 相平面の分割 ◆

$x > 0$, $y > 0$ における相平面を 4 つの領域 A, B, C, D に分割して考える．

A：$\dfrac{dx}{dt} > 0$, $\dfrac{dy}{dt} < 0$

B：$\dfrac{dx}{dt} > 0$, $\dfrac{dy}{dt} > 0$

C：$\dfrac{dx}{dt} < 0$, $\dfrac{dy}{dt} > 0$

D：$\dfrac{dx}{dt} < 0$, $\dfrac{dy}{dt} < 0$

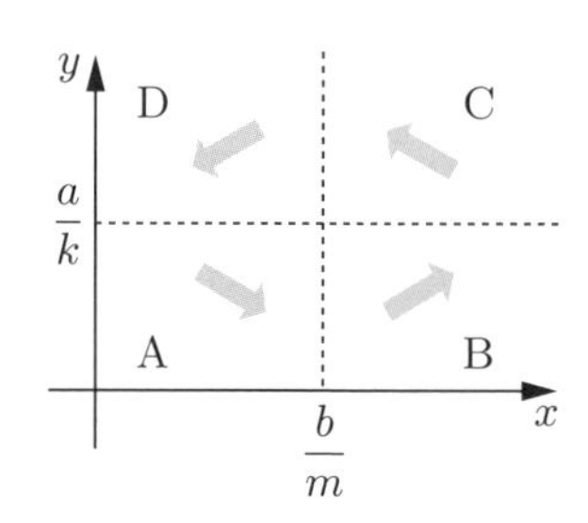

このとき，解曲線の速度ベクトルの向きが分かる．

さらに，解の一意性を考慮すると解曲線 $P(t) = (x(t), y(t))$ は，平衡点 $\left(\dfrac{b}{m}, \dfrac{a}{k}\right)$ の周りを左向きに回っている様子が分かりその軌道の候補として次の 3 つの場合が考えられる．

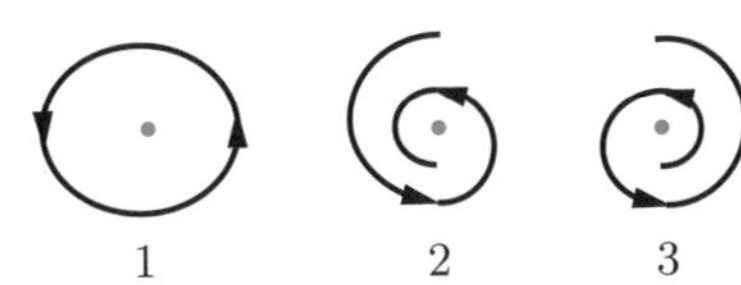

1. 閉軌道
2. 平衡点に向かう螺旋軌道
3. 平衡点から遠ざかる螺旋軌道

◆ 解曲線の方程式 ◆

解軌道の候補を絞り込むために解曲線を明示的に求めてみよう．

$x > 0,\ y > 0$ として (1.41) を変形すれば $\dfrac{dx}{dt} = x(a - ky),\ \dfrac{dy}{dt} = (-b + mx)y$ だから合成関数の微分法より解曲線の方程式

$$\frac{dy}{dx} = \frac{\frac{dy}{dt}}{\frac{dx}{dt}} = \frac{(-b+mx)y}{x(a-ky)} = \frac{-b\frac{1}{x}+m}{a\frac{1}{y}-k}$$

を得る．これは変数分離形だから

$$\int \left(a\frac{1}{y} - k\right) dy = \int \left(-b\frac{1}{x} + m\right) dx$$

$$a \log y - ky = -b \log x + mx + c \tag{1.42}$$

$$y^a e^{-ky} = Kx^{-b} e^{mx}$$

よって，一般解として

$$(\,H(x,y) \equiv\,)\ \frac{x^b y^a}{e^{mx+ky}} = K \tag{1.43}$$

（$K = e^c$ は定数）を得る．

従って，定数 $K > 0$ を 1 つ与えるごとに解曲線 $H(x,y) = K$ がただ 1 つ定まる．(1.43) から解曲線の様子が分かりそうだが，まだハッキリしない．そこで変数ごとに考察してみよう．

(i) $y = y_*$ を固定して，$\alpha = \dfrac{m}{b},\ \beta = \left(\dfrac{y_*^a}{e^{ky_*}K}\right)^{\frac{1}{b}}$ とおくと

$$H(x, y_*) = K \quad \Longleftrightarrow \quad e^{\alpha x} = \beta x$$

だから，$H(x, y_*) = K$ を満たす x は高々 2 個であることが分かる．

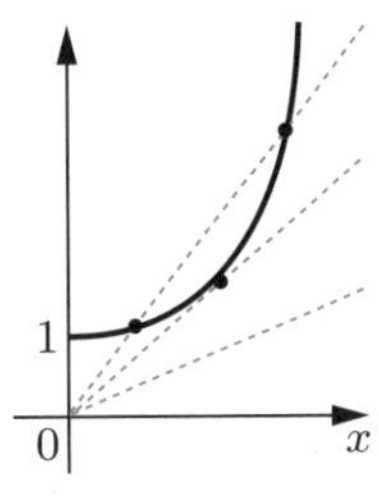

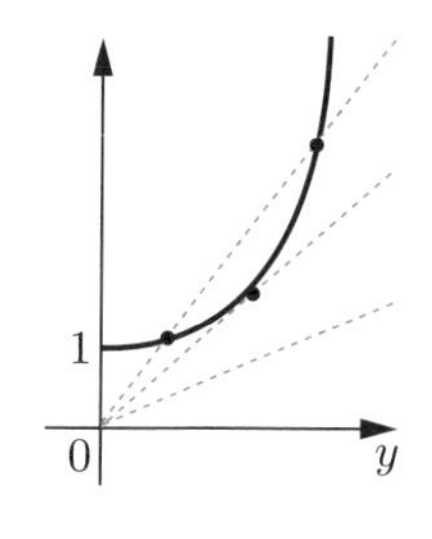

(ii) $x = x_*$ を固定して，$\alpha = \dfrac{k}{a}$, $\beta = \left(\dfrac{x_*^b}{e^{mx_*}K}\right)^{\frac{1}{a}}$ とおくと

$$H(x_*, y) = K \quad \Longleftrightarrow \quad e^{\alpha y} = \beta y$$

だから，$H(x_*, y) = K$ を満たす y は高々2個であることが分かる．

以上より，定数 $K > 0$ ごとに $H(x, y) = K$ の解曲線の様子が分かる．

1. 解曲線は閉曲線となる．
2. 解曲線に囲まれた領域は凸集合となる．
3. 平衡点の周りを周期的に変動する．

よって，4つの領域 A, B, C, D で個体数は次の変動を繰り返す．

A： 捕食者 y の減少に伴い餌 x が増加する．

B： 餌 x の増加に伴い捕食者 y も増加する．

C： 捕食者 y の増加に伴い餌 x が減少する．

D： 餌 x の減少に伴い捕食者 y も減少する．

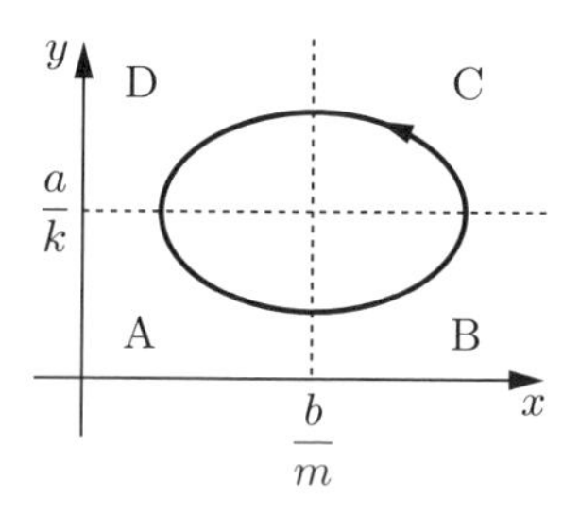

さらに，個体数 $x = x(t)$, $y = y(t)$ は共に同じ時間周期を持って変動し，それぞれのピーク時のズレも一定となることが分かる．

注意 初期条件を $x(0) = x_0$, $y(0) = y_0$ として (1.41) の初期値問題を考えるとき，(1.42) より

$$\begin{cases} ky + mx = a\log y + b\log x + c \\ c = a\log y_0 + b\log x_0 - ky_0 - mx_0 \end{cases}$$

だから，これに初期値と他の3点のデータを代入して未定定数 a, b, k, m を定めれば具体的な数理モデルが得られる．

◆ **補足：漁獲への応用*** ◆

ある海域において $x(t)$ を食用魚の個体数，$y(t)$ を大型の被食用魚の個体数とし，漁獲の算定のために全サイクルに渡る $x(t)$ と $y(t)$ の平均値を求めてみよう．$x(t)$ と $y(t)$ は周期的に変動するので 1 サイクルの周期を T とすると $x(t)$ と $y(t)$ の平均値は

$$\overline{x} = \frac{1}{T}\int_0^T x(t)\,dt\,, \quad \overline{y} = \frac{1}{T}\int_0^T y(t)\,dt$$

で定まる．

(1.41) の第 1 式を変形し，$t = 0$ から $t = T$ まで積分して

$$\int_0^T \frac{1}{x}\frac{dx}{dt}\,dt = \int_0^T (a - ky)\,dt$$

左辺を変数変換 $x = x(t)$ $(x : x(0) \to x(T))$ とすると

$$\int_{x(0)}^{x(T)} \frac{1}{x}\,dx = aT - k\int_0^T y\,dt$$

$$\log x(T) - \log x(0) = aT - kT\overline{y}$$

一方，T は 1 サイクルの周期だから $x(0) = x(T)$ を代入して $0 = aT - kT\overline{y}$ すなわち $\overline{y} = \dfrac{a}{k}$ を得る．同様に議論して (1.41) の第 2 式を用いれば $\overline{x} = \dfrac{b}{m}$ を得る．よって，個体数の平均値は

$$(\overline{x}, \overline{y}) = \left(\frac{b}{m}, \frac{a}{k}\right)$$

となり，(1.41) の平衡点と一致することが分かる．

問 1.17　$x(t)$ の平均値は $\overline{x} = \dfrac{b}{m}$ であることを示せ．

F (> 0) を漁獲管理（漁網の寸法，船団の規模など）とするとき，漁獲は食用魚の個体数を $Fx(t)$ の速度で減少させ，被食用魚の個体数を $Fy(t)$ の速度で減少させるとする．このとき，漁獲管理を考慮した修正された支配方程式は

$$\begin{cases} \dfrac{dx}{dt} = ax - kxy - Fx = (a - F)x - kxy \\ \dfrac{dy}{dt} = -by + mxy - Fy = -(b + F)y + mxy \end{cases} \tag{1.44}$$

となり，個体数の平均値は

$$(\overline{x}, \overline{y}) = \left(\frac{b+F}{m}, \frac{a-F}{k}\right)$$

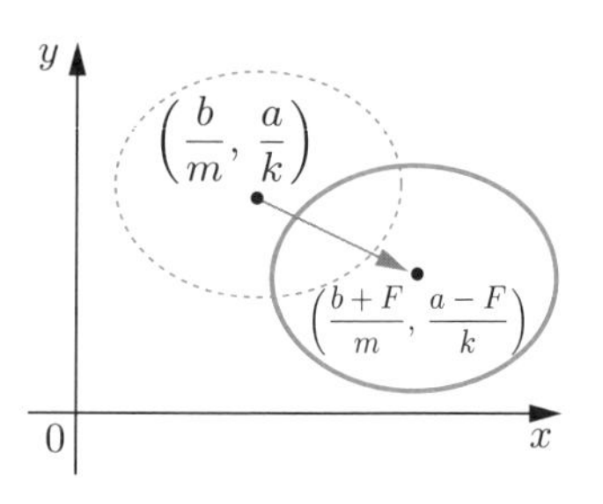

となる．従って，適量の漁獲 $(F < a)$ は食用魚の平均個体数を増加させるとする予測の説明ができる．これを**ヴォルテラの原理**という．

さらに，この原理を害虫 $x(t)$ を餌とする昆虫 $y(t)$ の共存関係に適用することで殺虫剤の逆理の説明をすることができる．

注意　一般に，連立微分方程式の解の定性的性質を調べるには，平衡点の分析や相平面解析が必要となり，これ以上踏み込むと少々込み入ってくるので詳しくは適当な専門書を参照してもらいたい．

問 1.18　$x \geqq 0, y \geqq 0$ における次の連立微分方程式の平衡点を求めよ．ただし，a, b, c, d, k, m は正の定数とする．

(1) $\begin{cases} \dfrac{dx}{dt} = ax - cx^2 - kxy \\ \dfrac{dy}{dt} = -by + mxy \qquad (\text{ただし } am > bc) \end{cases}$

(2) $\begin{cases} \dfrac{dx}{dt} = ax - cx^2 - kxy \\ \dfrac{dy}{dt} = ay - cy^2 - mxy \quad (\text{ただし } c < k < m) \end{cases}$

(3) $\begin{cases} \dfrac{dx}{dt} = ax - cx^2 + kxy \\ \dfrac{dy}{dt} = by - dy^2 + mxy \quad (\text{ただし } cd > km) \end{cases}$

問 1.19　伝染病の伝播に関する数理モデル（x：感染可能者，y：感染者）

$$\begin{cases} \dfrac{dx}{dt} = -axy \\ \dfrac{dy}{dt} = axy - by \end{cases}$$

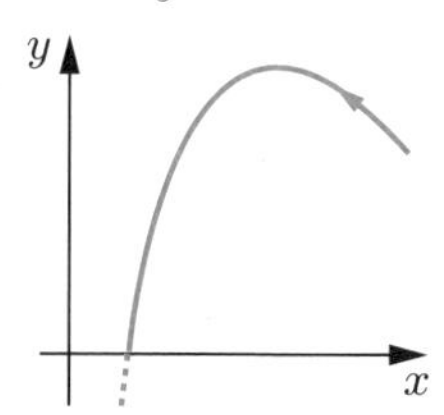

の相平面における解曲線の方程式を導き，$x > 0$ として解け．ただし，a, b は正の定数とする．

◆◆ コラム ◆◆

低階の微分方程式に帰着して解ける次の初期値問題 (a), (b) について考えてみよう．その解法を**階数低下法**という．

(a) 微分方程式が x の項を含まない初期値問題の場合：

$$x'' = f(t, x'), \quad x(t_0) = x_0, \quad x'(t_0) = x_1$$

は，$v = x'$ とおくと，$v' = x'' = f(t, x')$, $v(t_0) = x'(t_0)$ だから，まず

$$v' = f(t, v), \quad v(t_0) = x_1$$

を解く．次に，その解 $v = g(t)$ を用いて

$$x' = g(t),\ x(t_0) = x_0$$

を解く．

(b) 微分方程式が t の項を含まない初期値問題の場合：

$$x'' = f(x, x'), \quad x(t_0) = x_0, \quad x'(t_0) = x_1$$

は，$v = x'$ とおくと，$v' = x'' = f(x, x')$ だから，さらに $w(x) = v(t)$ として

$$\frac{dw}{dx} = \frac{v'}{x'} = \frac{f(x, x')}{x'}, \quad w(x_0) = w(x(t_0)) = v(t_0) = x'(t_0)$$

より，まず

$$\frac{dw}{dx} = \frac{f(x, w)}{w}, \quad w(x_0) = x_1$$

を解く．次に，その解 $w = g(x)$ を用いて

$$x' = g(x), \quad x(t_0) = x_0$$

を解く．

◆◆◆ Exercises ◆◆◆

問 1.20　次の微分方程式の一般解を求めよ．

(1) $\dfrac{dx}{dt} + \dfrac{2t}{t^2+1}x = 4t$　　(2) $\dfrac{dx}{dt} + \dfrac{x}{t\log t} = \dfrac{1}{t}$

(3) $\dfrac{dx}{dt} + tx = tx^3$　　(4) $\dfrac{dx}{dt} + \dfrac{x}{t} = t^2x^3$

(5) $\dfrac{dx}{dt} = \dfrac{x}{t(t-1)}$　　(6) $\dfrac{dx}{dt} = (\tan t)(\tan x)$

問 1.21　次の微分方程式の一般解を求めよ．
（ヒント：(1), (2) では $u = \dfrac{x}{t^2}$ とおく．(3), (4) では $x = e^y$ とおく．）

(1) $\dfrac{dx}{dt} = \dfrac{(t^2+x)x}{t^3}$

(2) $\dfrac{dx}{dt} = \dfrac{tx}{t^2+x}$

(3) $x\dfrac{d^2x}{dt^2} - \left(\dfrac{dx}{dt}\right)^2 - 2x^2 = 0$

(4) $\dfrac{d}{dt}\left(x\dfrac{dx}{dt}\right) - 2\left(\dfrac{dx}{dt} + x\right)^2 = 0$

問 1.22　次の初期値問題を解け．（ヒント：低階の微分方程式に帰着する．）

(1) $x'' = x' + t,\ x(0) = 1,\ x'(0) = 0$

(2) $x'' = 2tx' + 2e^{t^2},\ x(0) = 1,\ x'(0) = 0$

(3) $x'' = 2(x+1)x',\ x(0) = 0,\ x'(0) = 1$

(4) $x'' = 2xx',\ x(0) = 0,\ x'(0) = 1$

問 1.23　a, b が定数のとき，変数係数線形微分方程式 $t^2x'' + atx' + bx = 0$ の一般解を求めよ．（ヒント：$t = e^s$ とおき定数係数の方程式に帰着する．）

問 1.24　線形微分方程式 $a(t)x'' + b(t)x' + c(t)x = 0$ を考える．
条件 $x(0) = 1,\ x'(0) = 0$ を満たす解を $x_1(t)$，条件 $x(0) = 0,\ x'(0) = 1$ を満たす解を $x_2(t)$ とするとき，条件 $x(0) = \alpha,\ x'(0) = \beta$ を満たす解は，$\alpha x_1(t) + \beta x_2(t)$ で与えられることを示せ．

第2章

微分方程式の基礎理論

一般の微分方程式の多くは具体的に解くことができない．本章では，初期値問題に対する解の存在や解の一意性といった基本的な問題に関する基礎理論について議論する．さらに，線形な微分方程式の解空間の特徴について考察し，定数係数の場合の具体的な解法について解説する．また，変数係数の場合にも有効な級数解法について紹介する．

2.1　解の存在と一意性

◆ 初期値問題 ◆

変数 t と関数 $x = x(t)$ およびその導関数 $x' = \frac{dx}{dt}, x'' = \frac{d^2x}{dt^2}, \cdots, x^{(n)} = \frac{d^nx}{dt^n}$ との間の関係式

$$x^{(n)} = f(t, x, x', x'', \cdots, x^{(n-1)})$$

を単独の**正規形微分方程式**という．

ここで，$x_1 = x$, $x_2 = x'$, $x_3 = x''$, $\cdots$, $x_n = x^{(n-1)}$ とおくと

$$\begin{aligned}
x_1' = \ & x' && = x_2 \\
x_2' = \ & x'' && = x_3 \\
& && \cdots \\
x_n' = \ & x^{(n)} && = f(t, x, x', \cdots, x^{(n-1)}) \\
& && = f(t, x_1, x_2, \cdots, x_n)
\end{aligned}$$

すなわち，x_1, x_2, $\cdots$, x_n についての連立の微分方程式を得る．さらに，記号の簡略化のためにベクトルの表記を利用すれば

$$\boldsymbol{x}' = \boldsymbol{f}(t, \boldsymbol{x})$$

を得る．ただし

$$\boldsymbol{x} = \begin{pmatrix} x_1 \\ x_2 \\ \vdots \\ x_n \end{pmatrix}, \quad \boldsymbol{x}' = \begin{pmatrix} x_1' \\ x_2' \\ \vdots \\ x_n' \end{pmatrix}, \quad \boldsymbol{f}(t, \boldsymbol{x}) = \begin{pmatrix} x_2 \\ \vdots \\ x_n \\ f(t, x_1, \cdots, x_n) \end{pmatrix}$$

である．連立の微分方程式では，任意定数を n 個含む解を**一般解**といい，この定数に具体的な値を代入した解を**特解**または**特殊解**という．いかなる表現の一般解に含まれない解（特異解）が存在することもある．

ここでは，$t = t_0$ で初期値 $\boldsymbol{x}(t_0) = \boldsymbol{x}_0 \in \boldsymbol{R}^n$ を持つ初期値問題

$$\begin{cases} \boldsymbol{x}' = \boldsymbol{f}(t, \boldsymbol{x}) \\ \boldsymbol{x}(t_0) = \boldsymbol{x}_0 \end{cases} \tag{2.1}$$

について考える．ただし，$\boldsymbol{f} : \boldsymbol{R} \times \boldsymbol{R}^n \to \boldsymbol{R}^n$ は一般化して

$$\boldsymbol{f}(t, \boldsymbol{x}) = \begin{pmatrix} f_1(t, \boldsymbol{x}) \\ f_2(t, \boldsymbol{x}) \\ \vdots \\ f_n(t, \boldsymbol{x}) \end{pmatrix} = \begin{pmatrix} f_1(t, x_1, \cdots, x_n) \\ f_2(t, x_1, \cdots, x_n) \\ \vdots \\ f_n(t, x_1, \cdots, x_n) \end{pmatrix}$$

とする．ここで，任意の j に対して，$f_j : \boldsymbol{R} \times \boldsymbol{R}^n \to \boldsymbol{R}$ が連続であるとき，$\boldsymbol{f} : \boldsymbol{R} \times \boldsymbol{R}^n \to \boldsymbol{R}^n$ は連続であるといい，任意の j, k に対して，f_j, $\partial f_j / \partial t$, $\partial f_j / \partial x_k$ が連続であるとき，$\boldsymbol{f}$ は C^1 級であるという．また，任意の j, k に対して，f_j, $\partial f_j / \partial x_k$ が連続であるとき，$\boldsymbol{f}$ は $\boldsymbol{x}$ について C^1 級であるといい，n 次行列

$$\begin{pmatrix} \frac{\partial f_1}{\partial x_1} & \cdots & \frac{\partial f_1}{\partial x_n} \\ \vdots & & \vdots \\ \frac{\partial f_n}{\partial x_1} & \cdots & \frac{\partial f_n}{\partial x_n} \end{pmatrix} \tag{2.2}$$

を $D_x \boldsymbol{f}$ と書く．これは $\boldsymbol{f}$ の $\boldsymbol{x}$ についての微分を意味する関数行列である．

さらに，t についての積分は各成分ごとの積分と定める．すなわち

$$\int_a^b \boldsymbol{f}(t,\boldsymbol{x}(t))\,dt = \begin{pmatrix} \int_a^b f_1(t,\boldsymbol{x}(t))\,dt \\ \int_a^b f_2(t,\boldsymbol{x}(t))\,dt \\ \vdots \\ \int_a^b f_n(t,\boldsymbol{x}(t))\,dt \end{pmatrix}$$

初期値問題 (2.1) は解を持たなかったり，ただ 1 つ解を持ったり，2 つ以上の解を持ったりすることがある．このことから次の 2 つの基本的な問題の考察が必要となってくる．

解の存在問題：どんな条件の下で，(2.1) は解を持つのか．
解の一意性問題：どんな条件の下で，(2.1) の解は一意的となるのか．

これらの問題の十分条件を与える定理を**存在定理**および**一意性定理**という．微分方程式は明示的に解が得られないことも多く，解の存在，一意性，定性的性質などの考察が重要になってくる．特に，ある現象の将来のふるまいを予測する場合には近似解を利用した数値的手法を用いることもあり，その前提として数理モデルの解の一意性を確認しておく必要がある．

当面困らない程度の解の存在と一意性を保証するための十分条件は比較的単純である．実は，$\boldsymbol{f}$ が連続ならば t_0 の近傍の区間上で (2.1) は解を持ち，さらに，$\boldsymbol{f}$ が $\boldsymbol{x}$ について C^1 級（またはリプシッツ連続）ならば解は一意的となる．

t_0 の近傍の適当な区間上で (2.1) の解が存在するとき，その解を**局所解**（local solution）という．考えている t の区間全体上で解が存在するとき，その解を**大域解**（global solution）という．

◆ 積分方程式 ◆

$\boldsymbol{f}: \boldsymbol{R} \times \boldsymbol{R}^n \to \boldsymbol{R}^n$ は連続とする．いま，初期値問題 (2.1) を満たす C^1 級関数 $\boldsymbol{x}(t)$ が存在するならば，$\boldsymbol{x}' = \boldsymbol{f}(t,\boldsymbol{x})$ を t_0 から t まで積分して

$$\boldsymbol{x}(t) - \boldsymbol{x}(t_0) = \int_{t_0}^t \boldsymbol{f}(s,\boldsymbol{x}(s))\,ds$$

さらに $\boldsymbol{x}(t_0) = \boldsymbol{x}_0$ を代入して

$$\boldsymbol{x}(t) = \boldsymbol{x}_0 + \int_{t_0}^t \boldsymbol{f}(s,\boldsymbol{x}(s))\,ds \tag{2.3}$$

を得る．すなわち，(2.1) の解 $\boldsymbol{x}(t)$ は積分方程式 (2.3) を満たす．

逆に，(2.3) を満たす連続関数 $\boldsymbol{x}(t)$ が存在するならば，$\boldsymbol{f}(s, \boldsymbol{x}(s))$ は s の連続関数だから (2.3) の右辺は C^1 級となり左辺の $\boldsymbol{x}(t)$ も C^1 級となる．そこで，(2.3) を t で微分して $\boldsymbol{x}' = \boldsymbol{f}(t, \boldsymbol{x}(t))$, また $t = t_0$ を代入して $\boldsymbol{x}(t_0) = \boldsymbol{x}_0$ を得る．すなわち，この関数 $\boldsymbol{x}(t)$ は (2.1) の C^1 級の解となり，次のことが分かる．

定 理 2.1　初期値問題 (2.1) を満たす C^1 級関数を求めることと，積分方程式 (2.3) を満たす連続関数を求めることは同値である．

♦ 補足：ユークリッド空間 R^n における不等式 ♦

$$\boldsymbol{x} = \begin{pmatrix} x_1 \\ \vdots \\ x_n \end{pmatrix}, \boldsymbol{y} = \begin{pmatrix} y_1 \\ \vdots \\ y_n \end{pmatrix} \in \boldsymbol{R}^n$$ の内積 $\boldsymbol{x} \cdot \boldsymbol{y}$ とノルム $|\boldsymbol{x}|$ を

$$\boldsymbol{x} \cdot \boldsymbol{y} = \sum_{j=1}^{n} x_j y_j\,, \qquad |\boldsymbol{x}| = \left(\sum_{j=1}^{n} x_j^2\right)^{\frac{1}{2}}$$

と定める．

このとき，シュワルツ（**Schwarz**）の不等式：$|\boldsymbol{x} \cdot \boldsymbol{y}| \leqq |\boldsymbol{x}||\boldsymbol{y}|$ i.e.

$$\left|\sum_{j=1}^{n} x_j y_j\right| \leqq \left(\sum_{j=1}^{n} x_j^2\right)^{\frac{1}{2}} \left(\sum_{j=1}^{n} y_j^2\right)^{\frac{1}{2}}$$

および **3** 角不等式：$|\boldsymbol{x} + \boldsymbol{y}| \leqq |\boldsymbol{x}| + |\boldsymbol{y}|$ i.e.

$$\left(\sum_{j=1}^{n} (x_j + y_j)^2\right)^{\frac{1}{2}} \leqq \left(\sum_{j=1}^{n} x_j^2\right)^{\frac{1}{2}} + \left(\sum_{j=1}^{n} y_j^2\right)^{\frac{1}{2}}$$

が成り立つ．さらに，n 次行列 $A = (a_{ij})$ のノルム $\|A\|$ を

$$\|A\| = \left(\sum_{i=1}^{n} \sum_{j=1}^{n} a_{ij}^2\right)^{\frac{1}{2}}$$

と定めると，一般化されたシュワルツの不等式：$|A\boldsymbol{x}| \leqq \|A\||\boldsymbol{x}|$ i.e.

$$\left(\sum_{i=1}^{n} \left(\sum_{j=1}^{n} a_{ij} x_j\right)^2\right)^{\frac{1}{2}} \leqq \left(\sum_{i=1}^{n} \sum_{j=1}^{n} a_{ij}^2\right)^{\frac{1}{2}} \left(\sum_{j=1}^{n} x_j^2\right)^{\frac{1}{2}}$$

が成り立つ．

問 2.1 シュワルツの不等式：$|\boldsymbol{x}\cdot\boldsymbol{y}| \leqq |\boldsymbol{x}||\boldsymbol{y}|$ を用いて次の不等式を示せ．

(1) 3 角不等式：$|\boldsymbol{x}+\boldsymbol{y}| \leqq |\boldsymbol{x}|+|\boldsymbol{y}|$

(2) 一般化されたシュワルツの不等式：$|A\boldsymbol{x}| \leqq \|A\||\boldsymbol{x}|$

◆ 解の存在 ◆

$\boldsymbol{f}(t,\boldsymbol{x})$ が連続ならば初期値問題 (2.1) $\boldsymbol{x}' = \boldsymbol{f}(t,\boldsymbol{x})$, $\boldsymbol{x}(t_0) = \boldsymbol{x}_0$ の局所解の存在が示せる．

定 理 2.2（局所解の存在） $\boldsymbol{f}(t,\boldsymbol{x})$ は連続とする．このとき，$\rho > 0$ が存在して初期値問題 (2.1) は区間 $[t_0-\rho, t_0+\rho]$ 上で C^1 級の解 $\boldsymbol{x}(t)$ を持つ．

証明 コーシー（Cauchy）の折れ線法を用いた証明を付録 B で与える．

◆ 解の一意性 ◆

$f(x) = 2\sqrt{|x|}$ は連続であるが，初期値問題 $x' = 2\sqrt{|x|}$, $x(0) = 0$ の解は定数関数 $x = 0$ や定数 $\alpha > 0$ を含む関数

$$x = \begin{cases} (t+\alpha)^2 & (t \leqq -\alpha \text{ のとき}) \\ 0 & (-\alpha < t \leqq \alpha \text{ のとき}) \\ (t-\alpha)^2 & (\alpha < t \text{ のとき}) \end{cases}$$

など 2 つ以上存在する．

従って，$\boldsymbol{f}(t,\boldsymbol{x})$ が連続というだけでは初期値問題 (2.1) の解の一意性は保証されない．そこで，$\boldsymbol{f}(t,\boldsymbol{x})$ に対して通常の連続性より強い条件を準備する．

リプシッツ（Lipschitz）条件：任意の 2 点 $(t,\boldsymbol{x}), (t,\boldsymbol{y}) \in \mathfrak{B}$ $(\subset \boldsymbol{R}\times\boldsymbol{R}^n)$ に対して

$$|\boldsymbol{f}(t,\boldsymbol{x}) - \boldsymbol{f}(t,\boldsymbol{y})| \leqq L|\boldsymbol{x}-\boldsymbol{y}| \tag{2.4}$$

を満たす定数 $L = L(\mathfrak{B})$ が存在するとき，$\boldsymbol{f}(t,\boldsymbol{x})$ は $\mathfrak{B}$ 上で $\boldsymbol{x}$ について**リプシッツ条件**を満たす，または，$\boldsymbol{x}$ について**リプシッツ連続**であるといい，定数 L を**リプシッツ定数**という．

例 2.1 $f(x) = |x|$ は x についてリプシッツ条件を満たす．

解 3 角不等式より $|f(x)-f(y)| = ||x|-|y|| \leqq |x-y|$ が成り立つ．また，リプシッツ定数として $L = 1$ がとれる． ■

例 2.2 $f(x)=\sqrt{|x|}$ は $[-1,1]$ 上でリプシッツ条件を満たさない．

解 $x,y>0$ のとき

$$|f(x)-f(y)|=|\sqrt{x}-\sqrt{y}|=\frac{1}{\sqrt{x}+\sqrt{y}}|x-y|$$

一方，$x,y\to+0$ のとき $\dfrac{1}{\sqrt{x}+\sqrt{y}}\to\infty$ である．

従って，任意の $x,y\in[-1,1]$ に対して $|f(x)-f(y)|\leqq L|x-y|$ を満たす定数 L は存在しない． ■

問 2.2 $\mathfrak{B}_1=\boldsymbol{R}\times[-1,1]$, $\mathfrak{B}_2=\boldsymbol{R}\times[1/4,1]$ とするとき，次のことを示せ．

(1) $f(t,x)=\dfrac{|x|}{1+|t|}+x^2$ は $\mathfrak{B}_1$ 上で x についてリプシッツ条件を満たす．

(2) $f(t,x)=\sqrt{x}+\dfrac{x^4}{1+t^2}$ は $\mathfrak{B}_2$ 上で x についてリプシッツ条件を満たす．

定 理 2.3（局所解の存在と一意性） $\boldsymbol{f}(t,\boldsymbol{x})$ は連続かつ $\boldsymbol{x}$ についてリプシッツ連続（リプシッツ条件を満たす）とする．このとき，$\rho>0$ が存在して初期値問題 (2.1) は区間 $[t_0-\rho,t_0+\rho]$ 上で C^1 級の解 $\boldsymbol{x}(t)$ を持ち，しかも解は一意的である．

ここでは，定理 2.2 から解の存在は分かっているので解の一意性を示せば十分ではあるが，解の存在についても $\boldsymbol{f}(t,\boldsymbol{x})$ に対する追加条件を利用して，より平易な別証明を与えることにする．

証明 適当な $\ell>0$, $r>0$ に対して

$$\overline{D}=\{(t,\boldsymbol{x})\mid |t-t_0|\leqq\ell,\ |\boldsymbol{x}-\boldsymbol{x}_0|\leqq r\}$$

とする．$|\boldsymbol{f}(t,\boldsymbol{x})|$ は有界閉領域 $\overline{D}$ 上で連続だから最大値を持つ．その最大値を

$$M=\max_{(t,\boldsymbol{x})\in\overline{D}}|\boldsymbol{f}(t,\boldsymbol{x})| \tag{2.5}$$

とし

$$\rho=\min\left\{\ell,\ \frac{r}{M}\right\}\quad(>0) \tag{2.6}$$

とおいて, 区間 $J=[t_0-\rho, t_0+\rho]$ 上で近似解の列 $\{\boldsymbol{x}_n(t)\}$ を構成する. その構成には, **ピカール (Picard) の逐次近似法**を用いる. また, $\boldsymbol{f}(t,\boldsymbol{x})$ は $\boldsymbol{x}$ についてリプシッツ条件を満たしているので, 定数 $L>0$ が存在して, $(t,\boldsymbol{x}),(t,\boldsymbol{y})\in\overline{D}$ に対して

$$|\boldsymbol{f}(t,\boldsymbol{x})-\boldsymbol{f}(t,\boldsymbol{y})| \leqq L|\boldsymbol{x}-\boldsymbol{y}| \tag{2.7}$$

が成り立つとしておく.

(I) **解の存在について**：定理 2.1 より積分方程式 (2.3) を満たす連続関数 $\boldsymbol{x}=\boldsymbol{x}(t)$ の存在を示せば十分である. まず, $\boldsymbol{x}_0$ を値に持つ定数関数を改めて $\boldsymbol{x}_0(t)$ と書く. すわなち

$$\boldsymbol{x}_0(t)=\boldsymbol{x}_0\,(=\boldsymbol{x}(t_0))$$

次に, 積分方程式 (2.3) の近似解として

$$\boldsymbol{x}_1(t)=\boldsymbol{x}_0+\int_{t_0}^{t}\boldsymbol{f}(s,\boldsymbol{x}_0(s))\,ds$$

をとり, 以下順次 $n=2,3,\cdots$ に対して

$$\boldsymbol{x}_n(t)=\boldsymbol{x}_0+\int_{t_0}^{t}\boldsymbol{f}(s,\boldsymbol{x}_{n-1}(s))\,ds \tag{2.8}$$

と定めて, J 上で連続な近似解の列 $\{\boldsymbol{x}_n(t)\}$ を構成する.

主張 1：$\{(t,\boldsymbol{x}_n(t))\}\subset\overline{D}$ かつ

$$|\boldsymbol{x}_n(t)| \leqq |\boldsymbol{x}_0|+r \quad (n\in\boldsymbol{N}, t\in J) \tag{2.9}$$

実際, $t\in J$ に対して, $(t,\boldsymbol{x}_0(t))=(t,\boldsymbol{x}_0)\in\overline{D}$ と (2.5) より

$$|\boldsymbol{x}_1(t)-\boldsymbol{x}_0| \leqq \left|\int_{t_0}^{t}|\boldsymbol{f}(s,\boldsymbol{x}_0(s))|\,ds\right| \leqq M|t-t_0| \leqq M\rho \leqq r$$

だから $(t,\boldsymbol{x}_1(t))\in\overline{D}$ となる. また

$$|\boldsymbol{x}_2(t)-\boldsymbol{x}_0| \leqq \left|\int_{t_0}^{t}|\boldsymbol{f}(s,\boldsymbol{x}_1(s))|\,ds\right| \leqq M|t-t_0| \leqq r$$

だから $(t,\boldsymbol{x}_2(t))\in\overline{D}$ となる. これを繰り返して

$$|\boldsymbol{x}_n(t)-\boldsymbol{x}_0| \leqq \left|\int_{t_0}^{t}|\boldsymbol{f}(s,\boldsymbol{x}_{n-1}(s))|\,ds\right| \leqq M|t-t_0| \leqq r$$

だから $(t, \boldsymbol{x}_n(t)) \in \overline{D}$ $(n \in \boldsymbol{N})$ を得る．また，3角不等式より (2.9) が成り立つ．よって，主張1を得る．

主張 2：$\{\boldsymbol{x}_n(t)\}$ は J 上で一様収束し，その極限関数 $\boldsymbol{x}(t)$ $(= \lim_{n\to\infty} \boldsymbol{x}_n(t))$ は連続となる．また，$(t, \boldsymbol{x}(t)) \in \overline{D}$ となる．

実際，$t \in J$ に対して，(2.5) より

$$|\boldsymbol{x}_1(t) - \boldsymbol{x}_0| \leqq \left|\int_{t_0}^{t} |\boldsymbol{f}(s, \boldsymbol{x}_0(s))|\, ds\right| \leqq M|t - t_0| \tag{2.10}$$

一方，$k \geqq 1$ のとき，(2.7) より

$$\begin{aligned}|\boldsymbol{x}_{k+1}(t) - \boldsymbol{x}_k(t)| &\leqq \left|\int_{t_0}^{t} |\boldsymbol{f}(s, \boldsymbol{x}_k(s)) - \boldsymbol{f}(s, \boldsymbol{x}_{k-1}(s))|\, ds\right| \\ &\leqq L\left|\int_{t_0}^{t} |\boldsymbol{x}_k(s) - \boldsymbol{x}_{k-1}(s)|\, ds\right| \end{aligned} \tag{2.11}$$

だから (2.10) と (2.11) より

$$\begin{aligned}|\boldsymbol{x}_2(t) - \boldsymbol{x}_1(t)| &\leqq L\left|\int_{t_0}^{t} |\boldsymbol{x}_1(s) - \boldsymbol{x}_0(s)|\, ds\right| \\ &\leqq LM\left|\int_{t_0}^{t} |s - t_0| ds\right| = \frac{LM}{2}|t - t_0|^2 \end{aligned} \tag{2.12}$$

また (2.11) と (2.12) より

$$\begin{aligned}|\boldsymbol{x}_3(t) - \boldsymbol{x}_2(t)| &\leqq L\left|\int_{t_0}^{t} |\boldsymbol{x}_2(s) - \boldsymbol{x}_1(s)|\, ds\right| \\ &\leqq \frac{L^2M}{2}\left|\int_{t_0}^{t} |s - t_0|^2\, ds\right| = \frac{L^2M}{3!}|t - t_0|^3\end{aligned}$$

以下，同様の議論をすれば，$n = 4, 5, \cdots$ に対して

$$|\boldsymbol{x}_n(t) - \boldsymbol{x}_{n-1}| \leqq \frac{L^{n-1}M}{n!}|t - t_0|^n$$

を得る．従って，$t \in J$ のとき $|t - t_0| \leqq \rho$ だから

$$|\boldsymbol{x}_n(t) - \boldsymbol{x}_{n-1}(t)| \leqq \frac{M}{L}\frac{(L\rho)^n}{n!} \quad (n = 1, 2, \cdots)$$

さらに，$n > m$ のとき，$t \in J$ に対して

$$\begin{aligned}
&|\boldsymbol{x}_n(t) - \boldsymbol{x}_m(t)| \\
&\leqq |\boldsymbol{x}_n(t) - \boldsymbol{x}_{n-1}(t)| + |\boldsymbol{x}_{n-1}(t) - \boldsymbol{x}_{n-2}(t)| + \cdots + |\boldsymbol{x}_{m+1}(t) - \boldsymbol{x}_m(t)| \\
&\leqq \frac{M}{L}\left(\frac{(L\rho)^n}{n!} + \frac{(L\rho)^{n-1}}{(n-1)!} + \cdots + \frac{(L\rho)^{m+1}}{(m+1)!}\right)
\end{aligned}$$

が成り立つ．また，$\displaystyle\sum_{\ell=0}^{\infty} \frac{(L\rho)^\ell}{\ell!}$ $(= e^{L\rho})$ は収束級数だから $\displaystyle\max_{t\in J} |\boldsymbol{x}_n(t) - \boldsymbol{x}_m(t)| \to 0$ $(n, m \to \infty)$ となる．従って，コーシーの一様収束判定（定理 2.4 参照）より $\{\boldsymbol{x}_n(t)\}$ は J 上で一様収束し，その極限関数 $\boldsymbol{x}(t)$ $(= \displaystyle\lim_{n\to\infty} \boldsymbol{x}_n(t))$ は連続となる．また，$(t, \boldsymbol{x}(t)) \in \overline{D}$ も分かる．よって，主張 2 を得る．

さらに，$\displaystyle\max_{t\in J} |\boldsymbol{x}_n(t) - \boldsymbol{x}(t)| \to 0$ $(n \to \infty)$ だから (2.7) より

$$\max_{t\in J} |\boldsymbol{f}(t, \boldsymbol{x}_n(t)) - \boldsymbol{f}(t, \boldsymbol{x}(t))| \leqq L \max_{t\in J} |\boldsymbol{x}_n(t) - \boldsymbol{x}(t)| \to 0 \quad (n \to \infty)$$

すなわち，関数列 $\{\boldsymbol{f}(t, \boldsymbol{x}_n(t))\}$ は J 上で一様収束し，その極限関数は $\boldsymbol{f}(t, \boldsymbol{x}(t))$ $(= \displaystyle\lim_{n\to\infty} \boldsymbol{f}(t, \boldsymbol{x}_n(t)))$ となる．従って，(2.8) で n について極限をとると

$$\boldsymbol{x}(t) = \lim_{n\to\infty} \boldsymbol{x}_n(t) = \boldsymbol{x}_0 + \lim_{n\to\infty} \int_{t_0}^{t} \boldsymbol{f}(s, \boldsymbol{x}_n(s))ds = \boldsymbol{x}_0 + \int_{t_0}^{t} \boldsymbol{f}(s, \boldsymbol{x}(s))ds$$

よって，この関数 $\boldsymbol{x}(t)$ は $J = [t_0 - \rho, t_0 + \rho]$ 上の解となる．

注意　(2.9) より解 $\boldsymbol{x}(t)$ に対して次が成り立つ．

$$|\boldsymbol{x}(t)| = \lim_{n\to\infty} |\boldsymbol{x}_n(t)| \leqq |\boldsymbol{x}_0| + r \tag{2.13}$$

(II) **解の一意性について**：$\boldsymbol{x}(t), \boldsymbol{y}(t)$ を区間 $[t_0, t_0 + T]$ 上の解として $\boldsymbol{x}(t) = \boldsymbol{y}(t)$ $(t_0 \leqq t \leqq t_0 + T)$ を示す．定理 2.1 より $t_0 \leqq t \leqq t_0 + T$ に対して

$$\boldsymbol{x}(t) = \boldsymbol{x}_0 + \int_{t_0}^{t} \boldsymbol{f}(s, \boldsymbol{x}(s))\, ds\,, \quad \boldsymbol{y}(t) = \boldsymbol{x}_0 + \int_{t_0}^{t} \boldsymbol{f}(s, \boldsymbol{y}(s))\, ds$$

だから (2.3), (2.7) より

$$|\boldsymbol{x}(t) - \boldsymbol{y}(t)| \leqq \int_{t_0}^{t} |\boldsymbol{f}(s, \boldsymbol{x}(s)) - \boldsymbol{f}(s, \boldsymbol{y}(s))|\, ds \leqq L \int_{t_0}^{t} |\boldsymbol{x}(s) - \boldsymbol{y}(s)|\, ds \tag{2.14}$$

を得る．ここで

$$\phi(t) = \int_{t_0}^{t} |\boldsymbol{x}(s) - \boldsymbol{y}(s)|\, ds \quad (\geqq 0)$$

とおくと，(2.14) より $\phi'(t) = |\boldsymbol{x}(t) - \boldsymbol{y}(t)| \leqq L\phi(t)$ だから

$$\frac{d\phi}{dt} - L\phi \leqq 0$$

が成り立つ．この微分不等式の両辺に積分因子 e^{-Lt} (> 0) を掛けると

$$e^{-Lt}\left(\frac{d\phi}{dt} - L\phi\right) \leqq 0 \quad \text{すなわち} \quad \frac{d}{dt}\left(e^{-Lt}\phi\right) \leqq 0$$

を得る．これを t_0 から t まで積分すると，$\phi(t_0) = 0$ より

$$e^{-Lt}\phi(t) \leqq e^{-Lt_0}\phi(t_0) = 0$$

だから $\phi(t) = 0$ すなわち

$$\int_{t_0}^{t} |\boldsymbol{x}(s) - \boldsymbol{y}(s)|\, ds = 0 \quad (t_0 \leqq t \leqq t_0 + T)$$

よって，$\boldsymbol{x}(t) = \boldsymbol{y}(t)$ $(t_0 \leqq t \leqq t_0 + T)$ となる．

同様の議論により区間 $[t_0 - T, t_0]$ の場合も $\boldsymbol{x}(t) = \boldsymbol{y}(t)$ $(t_0 - T \leqq t \leqq t_0)$ が示せる．（あるいは，変換：$\tau = 2t_0 - t$, $\widetilde{\boldsymbol{x}}(\tau) = \boldsymbol{x}(t)$, $\widetilde{\boldsymbol{f}}(\tau, \widetilde{\boldsymbol{x}}(\tau)) = -\boldsymbol{f}(t, \boldsymbol{x}(t))$ を用いて議論してもよい．）

従って，(2.1) の解が存在すれば一意的であることが分かる．■

局所解の存在証明では次のコーシーの一様収束判定を用いた．

定理 2.4（コーシーの一様収束判定） 関数列 $\{\boldsymbol{x}_n(t)\}$ は有界閉区間 I $(\subset \boldsymbol{R})$ 上で連続かつ

$$\max_{t \in I} |\boldsymbol{x}_n(t) - \boldsymbol{x}_m(t)| \to 0 \quad (n, m \to \infty)$$

を満たすとする．このとき，$\{\boldsymbol{x}_n(t)\}$ は I 上で一様収束し，その極限関数 $\boldsymbol{x}(t)$ $(= \lim_{n \to \infty} \boldsymbol{x}_n(t))$ は I 上で連続となる．

問 2.3　定理 2.4 を示せ．

◆ 局所解の存在と解の一意性についての補足 ◆

局所解の存在定理（定理 2.2, 定理 2.3）における $\boldsymbol{f}(t,\boldsymbol{x})$ の条件は，点 $(t_0,\boldsymbol{x}_0)$ を含む近傍 $\mathfrak{D}$ $(\subset \boldsymbol{R}\times\boldsymbol{R}^n)$ 上で仮定されていれば十分である．実際，証明内の $\overline{D}$ を $\overline{D}\subset\mathfrak{D}$ が満たされるように $r>0$, $\ell>0$ を小さくとり，この $\overline{D}$ を用いて証明をすすめればよい．

解の一意性定理（定理 2.3）は，その証明方法から解が存在する限り解の一意性を保証してくれていることが分かる．また，$\boldsymbol{f}(t,\boldsymbol{x})$ に対するリプシッツ条件は，点 $(t_0,\boldsymbol{x}_0)$ を含む適当な有界閉領域 $(\subset \boldsymbol{R}\times\boldsymbol{R}^n)$ 上で満たされていればよいことが分かる．さらに，$\boldsymbol{f}(t,\boldsymbol{x})$ のリプシッツ連続の条件は，より強い C^1 級の条件に置き換えることができる．

定 理 2.5 $\boldsymbol{f}(t,\boldsymbol{x})$ は連続かつ $\boldsymbol{x}$ について C^1 級とする．このとき，$\boldsymbol{f}(t,\boldsymbol{x})$ は任意の有界閉領域 $\overline{D}$ $(\subset \boldsymbol{R}\times\boldsymbol{R}^n)$ 上で $\boldsymbol{x}$ についてリプシッツ条件を満たす．

証明 $\boldsymbol{f}(t,\boldsymbol{x})$ は $\boldsymbol{x}$ について C^1 級だから $(t,\boldsymbol{x}),(t,\boldsymbol{y})\in\overline{D}$ に対して

$$\begin{aligned}\boldsymbol{f}(t,\boldsymbol{x})-\boldsymbol{f}(t,\boldsymbol{y}) &= \int_0^1 \frac{d}{d\theta}\boldsymbol{f}(t,\theta\boldsymbol{x}+(1-\theta)\boldsymbol{y})\,d\theta \\ &= \int_0^1 D_x\boldsymbol{f}(t,\theta\boldsymbol{x}+(1-\theta)\boldsymbol{y})(\boldsymbol{x}-\boldsymbol{y})\,d\theta\end{aligned}$$

ただし，$D_x\boldsymbol{f}(t,\boldsymbol{x})$ は $\partial f_i/\partial x_j$ を (i,j) 成分に持つ n 次行列（(2.2) 参照）である．$\|D_x\boldsymbol{f}(t,\boldsymbol{x})\|$ は有界閉領域 $\overline{D}$ 上で連続だから最大値を持つ．その最大値を

$$L=\max_{(t,\boldsymbol{x})\in\overline{D}}\|D_x\boldsymbol{f}(t,\boldsymbol{x})\|$$

とおくと，シュワルツの不等式より $0\leqq\theta\leqq 1$ に対して

$$\begin{aligned}|D_x\boldsymbol{f}(t,\theta\boldsymbol{x}+(1-\theta)\boldsymbol{y})(\boldsymbol{x}-\boldsymbol{y})| &\leqq \|D_x\boldsymbol{f}(t,\theta\boldsymbol{x}+(1-\theta)\boldsymbol{y})\||\boldsymbol{x}-\boldsymbol{y}| \\ &\leqq L|\boldsymbol{x}-\boldsymbol{y}|\end{aligned}$$

従って，$(t,\boldsymbol{x}),(t,\boldsymbol{y})\in\overline{D}$ に対して

$$|\boldsymbol{f}(t,\boldsymbol{x})-\boldsymbol{f}(t,\boldsymbol{y})|\leqq\int_0^1 L|\boldsymbol{x}-\boldsymbol{y}|\,d\theta=L|\boldsymbol{x}-\boldsymbol{y}|$$

が成り立つ． ■

従って，定理 2.3 における解の一意性証明と定理 2.5 より次を得る．

定 理 2.6（解の一意性） $\boldsymbol{f}(t,\boldsymbol{x})$ は連続かつ $\boldsymbol{x}$ について C^1 級とする．このとき，初期値問題 (2.1) の解 $\boldsymbol{x}(t)$ は一意的である．

ピカールの逐次近似法（定理 2.3 の存在証明参照）は，具体的な解の構成にも利用することができる．すなわち，$\boldsymbol{f}(t,\boldsymbol{x})$ が連続かつ $\boldsymbol{x}$ について C^1 級ならば

$$\boldsymbol{x}_0(t) = \boldsymbol{x}_0$$

$$\boldsymbol{x}_n(t) = \boldsymbol{x}_0 + \int_{t_0}^{t} \boldsymbol{f}(s, \boldsymbol{x}_{n-1}(s))ds \quad (n = 1, 2, \cdots)$$

として構成した関数列 $\{\boldsymbol{x}_n(t)\}$ の極限関数 $\boldsymbol{x}(t) = \lim_{n\to\infty} \boldsymbol{x}_n(t)$ は，存在する限り初期値問題 (2.1) のただ 1 つの解となる．

例 2.3 初期値問題 $x' = tx,\ x(0) = 1$ を逐次近似法による近似解 $\{x_n(t)\}$ を構成して解 $x(t) = \lim_{n\to\infty} x_n(t)$ を求めてみよう．

解 $f(t,x) = tx$ は C^1 級関数だから解が存在すれば一意的である．

$$x_0(t) = 1$$

$$x_1(t) = 1 + \int_0^t s x_0(s)\,ds = 1 + \int_0^t s\,ds = 1 + \frac{t^2}{2}$$

$$x_2(t) = 1 + \int_0^t s x_1(s)\,ds = 1 + \int_0^t s\left(1 + \frac{s^2}{2}\right)ds = 1 + \frac{t^2}{2} + \frac{t^4}{2\cdot 4}$$

$$\cdots$$

$$x_n(t) = 1 + \int_0^t s x_{n-1}(s)\,ds = 1 + \frac{t^2}{2} + \frac{t^4}{2\cdot 4} + \cdots + \frac{t^{2n}}{2\cdot 4\cdots(2n)}$$

$$= \sum_{k=0}^{n} \frac{1}{k!}\left(\frac{t^2}{2}\right)^k$$

従って，解は $x(t) = \lim_{n\to\infty} x_n(t) = e^{\frac{t^2}{2}}$ である． ■

問 2.4 次の初期値問題を逐次近似法による近似解 $\{x_n(t)\}$ を構成して解 $x(t) = \lim_{n\to\infty} x_n(t)$ を求めよ．

(1) $x' = x,\ x(0) = 1$　　(2) $x'' - 3x' + 2x = 0,\ x(0) = 1,\ x'(0) = 1$

(3) $x' = t^2 x,\ x(0) = 1$　　(4) $x'' + x = 0,\ x(0) = 0,\ x'(0) = 1$

2.2 解の延長

◆ 解の最大存在区間 ◆

変数 t の範囲を $(-\infty, \infty)$ 全体として，初期値問題 (2.1) の局所解の延長可能性について考える．

(2.1) の解 $\boldsymbol{x}(t)$ が $[t_0 - \rho, t_0 + \rho]$ 上で存在したとする．$t = t_0 + \rho$ のとき $\boldsymbol{x}(t_0 + \rho)$ を初期値として定理 2.2（定理 2.3）を適用すると，$\rho_1 > \rho$ が存在して，解 $\boldsymbol{x}(t)$ は $[t_0 + \rho, t_0 + \rho_1]$ 上で存在することになる．次に，$t = t_0 + \rho_1$ のとき $\boldsymbol{x}(t_0 + \rho_1)$ を初期値として，再び定理 2.2（定理 2.3）を適用すると，$\rho_2 > \rho_1$ が存在して，解 $\boldsymbol{x}(t)$ は $[t_0 + \rho_1, t_0 + \rho_2]$ 上で存在することになる．同様の議論を繰り返して可能な限り右方向に解 $\boldsymbol{x}(t)$ を延長していく．

また，$t = t_0 - \rho$ から左方向にも同様に議論して可能な限り解 $\boldsymbol{x}(t)$ を延長していく．このとき，次の開区間 $I_{\max}$ が存在する．

解の最大存在区間 $\boldsymbol{I_{\max}}$：解 $\boldsymbol{x}(t)$ は，$I_{\max}$ 上では存在するが，$I_{\max}$ の両端を越えて右にも左にも解として延長することはできない．

この開区間 $I_{\max}$ のことを**解の最大存在区間**という．ただし，$I_{\max}$ は初期値 $\boldsymbol{x}_0$ の値に依存して変化してもよい．

$I_{\max} = (-\infty, \infty)$ ならば解 $\boldsymbol{x}(t)$ は大域解だから解の延長について考える必要はない．

例 2.4 初期値問題 $x' = x^3$, $x(0) = 1$ の解の最大存在区間 $I_{\max}$ を求めてみよう．

解 $x(0) = 1 > 0$ より $x(t) > 0$ として与式を変形し，$x^{-3}x' = 1$ を 0 から t まで積分すると

$$-\frac{1}{2}\frac{1}{x(t)^2} + \frac{1}{2}\frac{1}{x(0)^2} = t \quad \text{すなわち} \quad x(t)^2 = \frac{1}{1-2t}$$

従って，$x(0) = 1 > 0$ を満たす C^1 級の解として

$$x(t) = \frac{1}{\sqrt{1-2t}}$$

を得る．よって，$\displaystyle\lim_{t \to \frac{1}{2} - 0} |x(t)| = \infty$ より解 $x(t)$ の最大存在区間は $I_{\max} = \left(-\infty, \dfrac{1}{2}\right)$ となる． ■

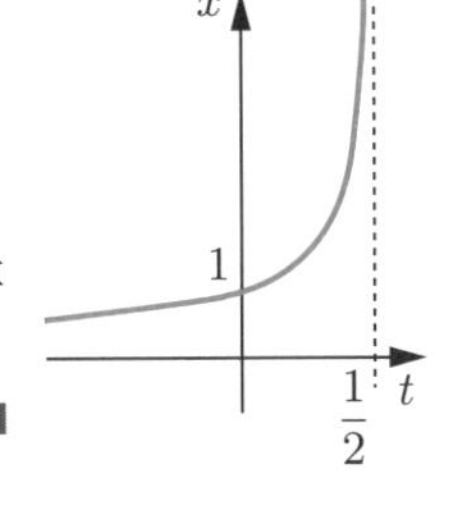

問 2.5　次の初期値問題の解の最大存在区間 $I_{\max}$ を求めよ．ただし，$p > 0$ とする．

(1) $x' = -x^3,\ x(0) = 2$　　(2) $x' = 2tx^2,\ x(0) = 4$

(3) $x' = |x|^p x,\ x(0) = 1$　　(4) $x' = -|x|^p x,\ x(0) = 1$

定理 2.7　$T_L < t_0 < T_R$ とし，初期値問題 (2.1) の解 $\boldsymbol{x}(t)$ の最大存在区間を $I_{\max} = (T_L, T_R)$ とする．このとき

(i) $T_R \neq \infty$ ならば $\displaystyle\lim_{t \to T_R - 0} |\boldsymbol{x}(t)| = \infty$

(ii) $T_L \neq -\infty$ ならば $\displaystyle\lim_{t \to T_L + 0} |\boldsymbol{x}(t)| = \infty$

が成り立つ．

注意　解 $\boldsymbol{x}(t)$ は「$t = T_R$（または T_L）で爆発する」といい，T_R（または T_L）を爆発時刻という．任意の $T > 0$ に対して $\displaystyle\lim_{t \to T} |\boldsymbol{x}(t)| < \infty$ ならば解 $\boldsymbol{x}(t)$ はいくらでも延長可能となる．

証明　(i) の場合のみ示す．$\displaystyle\lim_{t \to T_R - 0} |\boldsymbol{x}(t)| \neq \infty$ とすると $\boldsymbol{R}^n$ の有界閉領域 $\overline{B}$ が存在して，$t_k \to T_R\ (k \to \infty)$ となる $\{t_k\} \subset [t_0, T_R)$ に対して $\{\boldsymbol{x}(t_k)\} \subset \overline{B}$ とできる．$M = \displaystyle\max_{[t_0, T_R] \times \overline{B}} |\boldsymbol{f}(t, \boldsymbol{x})| < \infty$ だから (2.3) より

$$|\boldsymbol{x}(t_n) - \boldsymbol{x}(t_m)| = \left| \int_{t_m}^{t_n} \boldsymbol{f}(s, \boldsymbol{x}(s))\, ds \right| \leqq M|t_n - t_m|$$

が成り立ち

$$|\boldsymbol{x}(t_n) - \boldsymbol{x}(t_m)| \to 0 \quad (n, m \to \infty)$$

すなわち，$\{\boldsymbol{x}(t_k)\}$ は $\boldsymbol{R}^n$ のコーシー列となる．従って，$\boldsymbol{R}^n$ の完備性より $t \to T_R$ のとき，$\boldsymbol{x}(t)$ はある定ベクトル $\boldsymbol{x}^R$ に収束し，$\boldsymbol{x}^R \in \overline{B}$ が分かる．そこで，$\boldsymbol{x}(T_R) = \boldsymbol{x}^R$ を初期値として定理 2.2（定理 2.3）を適用すると，$\rho > 0$ が存在して，$\boldsymbol{x}(t)$ は $(T_L, T_R + \rho]$ 上で存在することになり，$I_{\max}$ の最大性に反する．従って，$\displaystyle\lim_{t \to T_R - 0} |\boldsymbol{x}(t)| = \infty$ が成り立つ．

(ii) の場合も (i) と同様の議論により $\displaystyle\lim_{t \to T_L + 0} |\boldsymbol{x}(t)| = \infty$ が成り立つ．■

問 2.6　定理 2.7 の (ii) が成り立つことを示せ．

♦ グロンウォール（Gronwall）の補題 ♦

初期値問題 (2.1) の解を延長し大域解が存在することを示すときなどに重要な役割を果たす不等式を準備しよう．

定理 2.8（グロンウォールの補題）$w(t)$, $K(t)$ は区間 $[a,b]$ 上の連続関数かつ $K(t) \geqq 0$ とし，A は定数とする．このとき

$$w(t) \leqq A + \int_a^t K(s)w(s)\,ds \quad (a \leqq t \leqq b)$$

ならば

$$w(t) \leqq A\,e^{\int_a^t K(s)ds} \quad (a \leqq t \leqq b)$$

が成り立つ．

証明 $v(t) = A + \int_a^t K(s)w(s)\,ds$ とおくと $v'(t) = K(t)w(t)$, $v(a) = A$, $w(t) \leqq v(t)$ である．また $K(t) \geqq 0$ より $v'(t) - K(t)v(t) \leqq 0$ だからこれの両辺に積分因子 $e^{-\int_a^t K(s)ds}$ を掛けると

$$\frac{d}{dt}\left(e^{-\int_a^t K(s)ds}v(t)\right) = e^{-\int_a^t K(s)ds}\left(v'(t) - K(t)v(t)\right) \leqq 0$$

が成り立つ．これを a から t まで積分すると

$$e^{-\int_a^t K(s)ds}v(t) - v(a) \leqq 0 \quad すなわち \quad v(t) \leqq v(a)e^{\int_a^t K(s)ds}$$

だから $w(t) \leqq A\,e^{\int_a^t K(s)ds}$ を得る． ■

問 2.7 次のことを示せ．（グロンウォールの補題の別型）$w(t)$, $K(t)$ は区間 $[a,b]$ 上の連続関数かつ $K(t) \geqq 0$ とし，A は定数とする．このとき

$$w(t) \leqq A + \int_t^b K(s)w(s)\,ds \quad (a \leqq t \leqq b)$$

ならば

$$w(t) \leqq A\,e^{\int_t^b K(s)ds} \quad (a \leqq t \leqq b)$$

が成り立つ．

定 理 2.9（解の延長）　$\boldsymbol{f}(t,\boldsymbol{x})$ は連続であり，かつ

$$|\boldsymbol{f}(t,\boldsymbol{x})| \leqq \alpha(t)|\boldsymbol{x}| + \beta(t) \tag{2.15}$$

を満たす非負の連続関数 $\alpha(t)$, $\beta(t)$ が存在するとする．このとき，初期値問題 (2.1) は C^1 級の大域解 $\boldsymbol{x}(t)$ を持つ．

さらに，$\boldsymbol{f}(t,\boldsymbol{x})$ が $\boldsymbol{R}\times\boldsymbol{R}^n$ の任意の有界閉領域上で $\boldsymbol{x}$ についてリプシッツ連続（リプシッツ条件を満たす）ならば解は一意的である．

$\boldsymbol{f}(t,\boldsymbol{x})$ が条件 (2.15) を満たすとき，$\boldsymbol{f}(t,\boldsymbol{x})$ は**弱非線形**であるという．

証明　$T>0$ を任意にとって固定し，$C(T) = \max_{t_0\leqq t\leqq t_0+T}\{\alpha(t)\,,\,\beta(t)\}$ $(\geqq 0)$ とおくと，$|\boldsymbol{f}(t,\boldsymbol{x}(t))| \leqq C(T)(|\boldsymbol{x}(t)|+1)$ である．$t\in[t_0,t_0+T]$ に対して，(2.3) より

$$\begin{aligned} |\boldsymbol{x}(t)| &\leqq |\boldsymbol{x}_0| + \int_{t_0}^{t}|\boldsymbol{f}(s,\boldsymbol{x}(s))|\,ds \\ &\leqq |\boldsymbol{x}_0| + C(T)T + C(T)\int_{t_0}^{t}|\boldsymbol{x}(s)|\,ds \end{aligned}$$

だからグロンウォールの補題より

$$\begin{aligned} |\boldsymbol{x}(t)| &\leqq (|\boldsymbol{x}_0| + C(T)T)e^{C(T)\int_{t_0}^{t}ds} \\ &\leqq (|\boldsymbol{x}_0| + C(T)T)e^{C(T)T} < \infty \end{aligned}$$

を得る．従って，定理 2.7 より (2.1) の解 $\boldsymbol{x}(t)$ は右方向へいくらでも延長できる．

$T>0$ を任意にとって固定し，$C(T) = \max_{t_0-T\leqq t\leqq t_0}\{\alpha(t)\,,\,\beta(t)\}$ とおくと，同様の議論により $t\in[t_0-T,t_0]$ に対して $|\boldsymbol{x}(t)| \leqq (|\boldsymbol{x}_0|+C(T)T)e^{C(T)T} < \infty$ が示せる．（あるいは，変換：$\tau = 2t_0-t$, $\widetilde{\boldsymbol{x}}(\tau) = \boldsymbol{x}(t)$, $\widetilde{\boldsymbol{f}}(\tau,\widetilde{\boldsymbol{x}}(\tau)) = -\boldsymbol{f}(t,\boldsymbol{x}(t))$ を用いて議論してもよい．）従って，(2.1) の解 $\boldsymbol{x}(t)$ は左方向へいくらでも延長できる．よって，(2.1) の局所解 $\boldsymbol{x}(t)$ は大域解となる．

さらに，$\boldsymbol{f}(t,\boldsymbol{x})$ が $\boldsymbol{R}\times\boldsymbol{R}^n$ の任意の有界閉領域上で $\boldsymbol{x}$ についてリプシッツ連続とすると，定理 2.3 より解 $\boldsymbol{x}(t)$ は $\boldsymbol{R}$ の任意の有界閉区間上で一意的となり，存在する限り解の一意性が保証される．　■

2.3　線形微分方程式の解の構造

♦ 線形微分方程式の初期値問題 ♦

微分方程式 (2.1) の $\boldsymbol{f}(t,\boldsymbol{x})$ が $A(t)\boldsymbol{x}+\boldsymbol{f}(t)$ となっている場合，すなわち，$\boldsymbol{x}'=A(t)\boldsymbol{x}+\boldsymbol{f}(t)$ を**線形微分方程式**という．ただし

$$A(t)=\begin{pmatrix} a_{11}(t) & \cdots & a_{1n}(t) \\ \vdots & & \vdots \\ a_{n1}(t) & \cdots & a_{nn}(t) \end{pmatrix}, \quad \boldsymbol{f}(t)=\begin{pmatrix} f_1(t) \\ \vdots \\ f_n(t) \end{pmatrix}$$

であり，$a_{ij}(t)$, $f_j(t)$ は連続とする．次の初期値問題について考える．

$$\begin{cases} \boldsymbol{x}'=A(t)\boldsymbol{x}+\boldsymbol{f}(t) \\ \boldsymbol{x}(t_0)=\boldsymbol{x}_0 \end{cases} \tag{2.16}$$

例 2.5　単独の n 階線形微分方程式に対する初期値問題

$$\begin{cases} x^{(n)}+a_1(t)x^{(n-1)}+\cdots+a_n(t)x=f(t) \\ x(t_0)=x_{10},\ x'(t_0)=x_{20},\ \cdots,\ x^{(n-1)}(t_0)=x_{n0} \end{cases} \tag{2.17}$$

$(a_j(t), f(t)$ は連続）は，$x_1=x$, $x_2=x'$, $x_3=x''$, $\cdots$, $x_n=x^{(n-1)}$ とおくと

$$\begin{aligned} x_1' &= x' = x_2 \\ x_2' &= x'' = x_3 \\ &\cdots \\ x_n' &= x^{(n)} = -a_n(t)x-a_{n-1}(t)x'-\cdots-a_1(t)x^{(n-1)}+f(t) \\ &= -a_n(t)x_1-a_{n-1}(t)x_2-\cdots-a_1(t)x_n+f(t) \end{aligned}$$

と書ける．すなわち，(2.17) は

$$A(t)=\begin{pmatrix} 0 & 1 & 0 & \cdots & 0 \\ 0 & 0 & 1 & \cdots & 0 \\ \vdots & \vdots & \vdots & & \vdots \\ -a_n(t) & -a_{n-1}(t) & -a_{n-2}(t) & \cdots & -a_1(t) \end{pmatrix}, \ \boldsymbol{f}(t)=\begin{pmatrix} 0 \\ 0 \\ \vdots \\ f(t) \end{pmatrix}$$

とおくと，連立の線形微分方程式 (2.16) の形で表せる．■

◆ **大域解の存在と一意性** ◆

$I=[a,b]$ を任意の有界閉区間とする．$\boldsymbol{f}(t,\boldsymbol{x})=A(t)\boldsymbol{x}+\boldsymbol{f}(t)$ は $I\times\boldsymbol{R}^n$ で $\boldsymbol{x}$ についてリプシッツ条件を満たす．実際，$t\in I$, $\boldsymbol{x},\boldsymbol{y}\in\boldsymbol{R}^n$ に対して

$$L=\max_{a\leqq t\leqq b}\|A(t)\|=\max_{a\leqq t\leqq b}\left(\sum_{i=1}^{n}\sum_{j=1}^{n}a_{ij}(t)^2\right)^{\frac{1}{2}}$$

とおくと，シュワルツの不等式より

$$\begin{aligned}|\boldsymbol{f}(t,\boldsymbol{x})-\boldsymbol{f}(t,\boldsymbol{y})|&=|\,(A(t)\boldsymbol{x}+\boldsymbol{f}(t))-(A(t)\boldsymbol{y}+\boldsymbol{f}(t))\,|\\&=|A(t)(\boldsymbol{x}-\boldsymbol{y})|\leqq\|A(t)\||\boldsymbol{x}-\boldsymbol{y}|\leqq L|\boldsymbol{x}-\boldsymbol{y}|\end{aligned}$$

を得る．さらに，解の延長条件 (2.15) を満たす．実際，$t\in I$, $\boldsymbol{x}\in\boldsymbol{R}^n$ に対して

$$\alpha(t)=\|A(t)\|=\left(\sum_{i=1}^{n}\sum_{j=1}^{n}a_{ij}(t)^2\right)^{\frac{1}{2}},\quad \beta(t)=|\boldsymbol{f}(t)|=\left(\sum_{j=1}^{n}f_j(t)^2\right)^{\frac{1}{2}}$$

とおくと，$\alpha(t)$ と $\beta(t)$ は非負の連続関数となり

$$|\boldsymbol{f}(t,\boldsymbol{x})|\leqq\|A(t)\||\boldsymbol{x}|+|\boldsymbol{f}(t)|\leqq\alpha(t)|\boldsymbol{x}|+\beta(t)$$

が成り立つ．従って，区間 I の任意性と定理 2.9 より次のことが分かる．

定理 2.10　初期値問題 (2.16) は C^1 級の大域解 $\boldsymbol{x}(t)$ を持ち，しかも解は一意的である．

また，これを (2.17) に適用すると次のことも分かる．

定理 2.11　初期値問題 (2.17) は C^n 級の大域解 $x(t)$ を持ち，しかも解は一意的である．

◆ **斉次方程式の基本解** ◆

$\boldsymbol{f}(t)\equiv\boldsymbol{0}$ の場合，すなわち，斉次方程式

$$\boldsymbol{x}'=A(t)\boldsymbol{x}\tag{2.18}$$

について考える．定理 2.10 より大域解を持つことは分かっているので，ここでは，解全体の集合 $S=\{\boldsymbol{x}\mid\boldsymbol{x}'=A(t)\boldsymbol{x}\}$ の構造について調べてみよう．

$\boldsymbol{x}_1$, $\boldsymbol{x}_2$ が解ならば，$c_1\boldsymbol{x}_1+c_2\boldsymbol{x}_2$ も解となる（すなわち，重ね合わせの原理が成り立つ）．実際

$$
\begin{aligned}
(c_1\boldsymbol{x}_1+c_2\boldsymbol{x}_2)' &= c_1\boldsymbol{x}_1'+c_2\boldsymbol{x}_2' = c_1A(t)\boldsymbol{x}_1+c_2A(t)\boldsymbol{x}_2 \\
&= A(t)(c_1\boldsymbol{x}_1+c_2\boldsymbol{x}_2)
\end{aligned}
$$

である．従って，集合 S は線形空間となる．

$t=t_0$ における初期値として

$$
\boldsymbol{c}=\begin{pmatrix} c_1 \\ c_2 \\ \vdots \\ c_n \end{pmatrix},\ \boldsymbol{e}_1=\begin{pmatrix} 1 \\ 0 \\ \vdots \\ 0 \end{pmatrix},\ \boldsymbol{e}_2=\begin{pmatrix} 0 \\ 1 \\ \vdots \\ 0 \end{pmatrix},\ \cdots,\ \boldsymbol{e}_n=\begin{pmatrix} 0 \\ 0 \\ \vdots \\ 1 \end{pmatrix}
$$

を考える．このとき

$$
\boldsymbol{c}=c_1\boldsymbol{e}_1+c_2\boldsymbol{e}_2+\cdots+c_n\boldsymbol{e}_n=\sum_{j=1}^{n}c_j\boldsymbol{e}_j
$$

であることを利用すると次のことが分かる．

定　理　2.12　$j=1,2,\cdots,n$ に対して，初期値 $\boldsymbol{x}(t_0)=\boldsymbol{e}_j$ の (2.18) の解を $\boldsymbol{x}_j(t)$ とする．このとき，初期値 $\boldsymbol{x}(t_0)=\boldsymbol{c}$ の (2.18) の解 $\boldsymbol{x}(t)$ は

$$
\boldsymbol{x}(t)=c_1\boldsymbol{x}_1(t)+c_2\boldsymbol{x}_2(t)+\cdots+c_n\boldsymbol{x}_n(t)=\sum_{j=1}^{n}c_j\boldsymbol{x}_j(t)
$$

で与えられる．

証明　$\boldsymbol{x}_j'=A(t)\boldsymbol{x}_j\ (j=1,2,\cdots,n)$ より $\boldsymbol{x}=\sum_{j=1}^{n}c_j\boldsymbol{x}_j$ は

$$
\boldsymbol{x}'=\sum_{j=1}^{n}c_j\boldsymbol{x}_j'=\sum_{j=1}^{n}c_jA(t)\boldsymbol{x}_j=A(t)\sum_{j=1}^{n}c_j\boldsymbol{x}_j=A(t)\boldsymbol{x}
$$

すなわち，$\boldsymbol{x}'=A(t)\boldsymbol{x}$ を満たす．また，$\boldsymbol{x}_j(t_0)=\boldsymbol{e}_j\ (j=1,2,\cdots,n)$ より

$$
\boldsymbol{x}(t_0)=\sum_{j=1}^{n}c_j\boldsymbol{x}_j(t_0)=\sum_{j=1}^{n}c_j\boldsymbol{e}_j=\boldsymbol{c}
$$

すなわち，$\boldsymbol{x}(t_0) = \boldsymbol{c}$ を満たす． ■

定理 2.12 より (2.18) の解全体の集合 S は

$$S = \left\{ \sum_{j=1}^{n} c_j \boldsymbol{x}_j \;\middle|\; c_1, c_2, \cdots, c_n \text{はスカラー} \right\}$$

と書ける．これを (2.18) の**解空間**という．

定理 2.12 の n 個の解の組 $\{\boldsymbol{x}_1(t), \boldsymbol{x}_2(t), \cdots, \boldsymbol{x}_n(t)\}$ は 1 次独立である．実際，スカラー $c_1, c_2, \cdots, c_n$ に対して

$$c_1\boldsymbol{x}_1(t) + c_2\boldsymbol{x}_2(t) + \cdots + c_n\boldsymbol{x}_n(t) = \boldsymbol{0}$$

とすると，$t = t_0$ のとき

$$c_1\boldsymbol{e}_1 + c_2\boldsymbol{e}_2 + \cdots + c_n\boldsymbol{e}_n = \boldsymbol{0}$$

となる．一方，$\{\boldsymbol{e}_1, \boldsymbol{e}_2, \cdots, \boldsymbol{e}_n\}$ は $\boldsymbol{R}^n$ で 1 次独立だから $c_1 = c_2 = \cdots = c_n = 0$ を得る．

従って，(2.18) の解空間 S は n 次元線形空間であり，$\{\boldsymbol{x}_1(t), \boldsymbol{x}_2(t), \cdots, \boldsymbol{x}_n(t)\}$ は S の 1 組の基底となる．解空間 S の 1 組の基底を (2.18) の**基本解**という．

以上より次のことが分かる．

定 理 2.13 $\boldsymbol{u}_1(t), \boldsymbol{u}_2(t), \cdots, \boldsymbol{u}_n(t)$ を (2.18) の n 個の 1 次独立な解（基本解）とする．このとき，(2.18) の一般解 $\boldsymbol{u}(t)$ は

$$\boldsymbol{u}(t) = c_1\boldsymbol{u}_1(t) + c_2\boldsymbol{u}_2(t) + \cdots + c_n\boldsymbol{u}_n(t) \tag{2.19}$$

（$c_1, c_2, \cdots, c_n$ は任意定数）で与えられる．

証明 (2.18) の解空間 S は $\dim S = n$ だから $\{\boldsymbol{u}_1(t), \boldsymbol{u}_2(t), \cdots, \boldsymbol{u}_n(t)\}$ は S の基底となる．従って，$\boldsymbol{u}(t) = c_1\boldsymbol{u}_1(t) + c_2\boldsymbol{u}_2(t) + \cdots + c_n\boldsymbol{u}_n(t)$ は，$\boldsymbol{u}(t) \in S$ より $\boldsymbol{u}' = A(t)\boldsymbol{u}$ を満たし，n 個の任意定数を含んでいるので，(2.18) の一般解となる． ■

注意 線形微分方程式は特異解を待たないことが分かり，一般解 (2.19) が全ての解となる．

◆ **非斉次方程式の一般解** ◆

$\boldsymbol{f}(t) \not\equiv \boldsymbol{0}$ の場合，すなわち，非斉次方程式

$$\boldsymbol{x}' = A(t)\boldsymbol{x} + \boldsymbol{f}(t) \tag{2.20}$$

について考える．(2.20) の一般解は，対応する斉次方程式 (2.18) の一般解と 1 つの特解を用いて求めることができる．

定 理 2.14 斉次方程式 (2.18) の一般解を $\boldsymbol{u}(t)$ とし，非斉次方程式 (2.20) の 1 つの特解を $\boldsymbol{y}(t)$ とする．このとき，(2.20) の一般解は $\boldsymbol{x}(t) = \boldsymbol{u}(t) + \boldsymbol{y}(t)$ で与えられる．すなわち

{ 一般解 } = { 斉次方程式の一般解 } + { 特解 }

証明 仮定より $\boldsymbol{u}' = A(t)\boldsymbol{u}$ かつ $\boldsymbol{y}' = A(t)\boldsymbol{y} + \boldsymbol{f}(t)$ だから

$$\begin{aligned} \boldsymbol{x}' &= \boldsymbol{u}' + \boldsymbol{y}' = A(t)\boldsymbol{u} + (A(t)\boldsymbol{y} + \boldsymbol{f}(t)) \\ &= A(t)(\boldsymbol{u} + \boldsymbol{y}) + \boldsymbol{f}(t) = A(t)\boldsymbol{x} + \boldsymbol{f}(t) \end{aligned}$$

また，$\boldsymbol{u}(t)$ は n 個の任意定数を含んでいるので $\boldsymbol{x}(t) = \boldsymbol{u}(t) + \boldsymbol{y}(t)$ も n 個の任意定数を含む．よって，$\boldsymbol{x}(t) = \boldsymbol{u}(t) + \boldsymbol{y}(t)$ は (2.20) の一般解となる． ■

2.4 定数係数線形微分方程式の解表示

◆ **解の 1 次独立性** ◆

斉次の線形微分方程式の解は，1 組の基本解が求まれば明示的な解表示が可能である．しかし，一般に基本解を求めることは容易ではない．特別な場合を除けば，実際に基本解が求まるのは係数が定数の場合に限られる．そこで，定数係数線形微分方程式

$$x^{(n)} + a_1 x^{(n-1)} + \cdots + a_{n-1}x' + a_n x = f(t) \tag{2.21}$$

の一般解の明示的な解表示について考える．ただし，$a_1, a_2, \cdots, a_n$ は定数，$f(t)$ は連続関数とする．

まず，(2.21) に対応する斉次方程式

$$x^{(n)} + a_1 x^{(n-1)} + \cdots + a_{n-1}x' + a_n x = 0 \tag{2.22}$$

の基本解を求めてみよう．

定理 2.12 を (2.22) に適用すると次のことが分かる．

定理 2.15　斉次方程式 (2.22) の解空間 S は n 次元線形空間であり，(2.22) の n 個の1次独立な解（基本解）を $x_1(t), x_2(t), \cdots, x_n(t)$ とすると

$$x(t) \in S \quad \Longleftrightarrow \quad x(t) = \sum_{k=1}^{n} c_k x_k(t) \quad (c_k \text{ はスカラー})$$

である．

また，(2.22) の解 $x_1(t), x_2(t), \cdots, x_n(t)$ の1次独立性は

$$W(x_1, x_2, \cdots, x_n)(t) = \begin{vmatrix} x_1(t) & x_2(t) & \cdots & x_n(t) \\ x_1'(t) & x_2'(t) & \cdots & x_n'(t) \\ \vdots & \vdots & & \vdots \\ x_1^{(n-1)}(t) & x_2^{(n-1)}(t) & \cdots & x_n^{(n-1)}(t) \end{vmatrix} \tag{2.23}$$

から分かる．これを $x_1(t), x_2(t), \cdots, x_n(t)$ のロンスキアン（**Wronskian**）またはロンスキ（**Wronski**）行列式という．

定理 2.16　$x_1(t), x_2(t), \cdots, x_n(t)$ を斉次方程式 (2.22) の解とする．このとき，ある $t = t_0$ で $W(x_1, x_2, \cdots, x_n)(t_0) \neq 0$ ならば $x_1(t), x_2(t), \cdots, x_n(t)$ は1次独立である．

証明　(2.22) の解 $x_1(t), x_2(t), \cdots, x_n(t)$ の1次結合を次々と微分すると

$$\begin{gathered} c_1 x_1(t) + c_2 x_2(t) + \cdots + c_n x_n(t) = 0 \\ c_1 x_1'(t) + c_2 x_2'(t) + \cdots + c_n x_n'(t) = 0 \\ \cdots\cdots \\ c_1 x_1^{(n-1)}(t) + c_2 x_2^{(n-1)}(t) + \cdots + c_n x_n^{(n-1)}(t) = 0 \end{gathered}$$

だから $t=t_0$ を代入して

$$\begin{pmatrix} x_1(t_0) & \cdots & x_n(t_0) \\ \vdots & & \vdots \\ x_1^{(n-1)}(t_0) & \cdots & x_n^{(n-1)}(t_0) \end{pmatrix} \begin{pmatrix} c_1 \\ \vdots \\ c_n \end{pmatrix} = \begin{pmatrix} 0 \\ \vdots \\ 0 \end{pmatrix}$$

を得る．これは $c_1, c_2, \cdots, c_n$ に関する同次連立 1 次方程式だから線形代数学の基礎理論より係数行列の行列式 $W(x_1, x_2, \cdots, x_n)(t_0)$ が 0 でないとき，$c_1 = c_2 = \cdots = c_n = 0$ となる． ■

例 2.6 $x_1 = e^{\alpha t}, x_2 = te^{\alpha t}, x_3 = t^2 e^{\alpha t}$ のとき

$$W(x_1, x_2, x_3)(0) = \begin{vmatrix} 1 & 0 & 0 \\ \alpha & 1 & 0 \\ \alpha^2 & 2\alpha & 2 \end{vmatrix} = 2 \neq 0$$

だから，$e^{\alpha t}$, $te^{\alpha t}$, $t^2 e^{\alpha t}$ は 1 次独立である． ■

例 2.7 $x_1 = e^{\alpha t}, x_2 = e^{\beta t}, x_3 = e^{\gamma t}$（$\alpha, \beta, \gamma$ は相異なるスカラー）のとき

$$W(x_1, x_2, x_3)(0) = \begin{vmatrix} 1 & 1 & 1 \\ \alpha & \beta & \gamma \\ \alpha^2 & \beta^2 & \gamma^2 \end{vmatrix} = (\alpha-\beta)(\beta-\gamma)(\gamma-\alpha) \neq 0$$

だから，$e^{\alpha t}$, $e^{\beta t}$, $e^{\gamma t}$ は 1 次独立である． ■

問 2.8 次の関数の組が 1 次独立であることを示せ．ただし，α, β, γ は相異なるスカラーかつ $\beta \neq 0$ とする．
(1) $e^{\alpha t}$, $te^{\alpha t}$, $e^{\beta t}$ (2) $e^{\alpha t}\cos\beta t$, $e^{\alpha t}\sin\beta t$ (3) $t^2\cos\beta t$, $t^2\sin\beta t$
(4) t, t^2, t^3 (5) $e^{\alpha t}\cos\beta t$, $e^{\alpha t}\sin\beta t$, $te^{\gamma t}$ (6) $\cos\beta t$, $t\cos\beta t$, $t^2\cos\beta t$
(7) $e^{\alpha t}$, $te^{\alpha t}$, $e^{\beta t}$, $te^{\beta t}$ (8) $\cos\beta t$, $t\cos\beta t$, $\sin\beta t$, $t\sin\beta t$

♦ 斉次方程式の基本解 ♦

$D = \frac{d}{dt}$ とおくと，斉次方程式 (2.22) は，$L(D)x=0$ すなわち

$$(D^n + a_1 D^{n-1} + \cdots + a_{n-1}D + a_n)x = 0$$

と書ける．ただし

$$L(\lambda) = \lambda^n + a_1\lambda^{n-1} + \cdots + a_{n-1}\lambda + a_n \tag{2.24}$$

である．これを (2.22) の**特性多項式**という．また，$L(\lambda) = 0$ を (2.22) の**特性方程式**といい，その解を**特性根**という．また，特性根 λ_j を用いて (2.24) は

$$L(\lambda) = (\lambda - \lambda_1)^{n_1}(\lambda - \lambda_2)^{n_2} \cdots (\lambda - \lambda_q)^{n_q}$$

$(\lambda_j \neq \lambda_k \ (j \neq k),\ n_1 + n_2 + \cdots + n_q = n)$ の形に因数分解できる．

いくつかの微分方程式の基本解を求めてみよう．$\alpha \neq \beta$ とする．

(1) $(D - \alpha)x = 0$ は $x' - \alpha x = 0$ だから $e^{\alpha t}$ を解に持つ（例 1.1 参照）．

(2) $(D - \alpha)^2 x = 0$ は $x'' - 2\alpha x' + \alpha^2 x = 0$ だから $e^{\alpha t}, te^{\alpha t}$ を解に持つ（定理 1.4(ii) 参照）．また，$W(e^{\alpha t}, te^{\alpha t})(0) = 1 \neq 0$ より $e^{\alpha t}, te^{\alpha t}$ は 1 次独立である．

(3) $(D - \alpha)^m x = 0$ は $e^{\alpha t}, te^{\alpha t}, \cdots, t^{m-1}e^{\alpha t}$ を解に持つ．また，これらは 1 次独立である．

問 2.9　上記の (3) を示せ．

(4) $(D - \alpha)(D - \beta)x = 0$ は $x'' - (\alpha + \beta)x' + \alpha\beta x = 0$ だから $e^{\alpha t}, e^{\beta t}$ を解に持つ（定理 1.4(i) 参照）．また，$W(e^{\alpha t}, e^{\beta t})(0) = \alpha - \beta \neq 0$ より $e^{\alpha t}, e^{\beta t}$ は 1 次独立である．

(5) $(D - \alpha)^2(D - \beta)x = 0$ は $e^{\alpha t}, te^{\alpha t}, e^{\beta t}$ を解に持つ．また，これらは 1 次独立である．

実際，$e^{\alpha t}, te^{\alpha t}$ は $(D - \alpha)^2 x = 0$ を満たすので，$(D - \beta)(D - \alpha)^2 x = 0$．一方，$e^{\beta t}$ は $(D - \beta)x = 0$ を満たすので，$(D - \alpha)^2(D - \beta)x = 0$．また，$W(e^{\alpha t}, te^{\alpha t}, e^{\beta t})(0) = (\alpha - \beta)^2 \neq 0$ である．

(6) $(D-\alpha)^m(D-\beta)^k x = 0$ は $e^{\alpha t}, te^{\alpha t}, \cdots, t^{m-1}e^{\alpha t}, e^{\beta t}, te^{\beta t}, \cdots, t^{k-1}e^{\beta t}$ を解に持つ．また，これらは 1 次独立である．

問 2.10　上記の (6) を示せ．

一般に，次のことが成り立つ．

定 理 2.17　定数係数線形微分方程式 $L(D)x(t) = 0$ の特性多項式が

$$L(\lambda) = (\lambda - \lambda_1)^{n_1}(\lambda - \lambda_2)^{n_2} \cdots (\lambda - \lambda_q)^{n_q}$$

$(\lambda_j \neq \lambda_k \ (j \neq k), n_1 + n_2 + \cdots + n_q = n)$ であるとき，n 個の基本解は

$$e^{\lambda_1 t}, te^{\lambda_1 t}, \cdots, t^{n_1-1}e^{\lambda_1 t}, e^{\lambda_2 t}, te^{\lambda_2 t}, \cdots, t^{n_2-1}e^{\lambda_2 t},$$
$$\cdots\cdots, e^{\lambda_q t}, te^{\lambda_q t}, \cdots, t^{n_q-1}e^{\lambda_q t}$$

で与えられる．

例 2.8　$x''' - 3x' - 2x = 0$ の一般解を求めてみよう．

解　特性方程式 $L(\lambda) = \lambda^3 - 3\lambda - 2 = (\lambda + 1)^2(\lambda - 2) = 0$ の特性根は $\lambda = -1$（重複度 2），2 である．従って，$\{e^{-t}, te^{-t}, e^{2t}\}$ は基本解となり，一般解として $x = e^{-t}(c_1 + c_2 t) + c_3 e^{2t}$（$c_1, c_2, c_3$ は任意定数）を得る．■

問 2.11　次の微分方程式の一般解を求めよ．
(1) $x''' - 3x' + 2x = 0$　　(2) $x''' - 6x'' + 12x' - 8x = 0$
(3) $x^{(4)} - 5x'' + 4x = 0$　　(4) $x^{(4)} - 6x'' - 8x' - 3x = 0$

特性方程式 $L(\lambda) = 0$ の特性根に虚数が含まれているとき，すなわち

$$\lambda = \alpha + i\beta, \quad \overline{\lambda} = \alpha - i\beta \quad (\alpha, \beta \in \boldsymbol{R}, \beta \neq 0)$$

が含まれているときは，オイラー（Euler）の公式 $(e^{i\theta} = \cos\theta + i\sin\theta)$ より

$$e^{\alpha t}\cos\beta t = e^{\alpha t}\frac{1}{2}\left(e^{i\beta t} + e^{-i\beta t}\right) = \frac{1}{2}\left(e^{\lambda t} + e^{\overline{\lambda} t}\right)$$
$$e^{\alpha t}\sin\beta t = e^{\alpha t}\frac{1}{2i}\left(e^{i\beta t} - e^{-i\beta t}\right) = \frac{1}{2i}\left(e^{\lambda t} - e^{\overline{\lambda} t}\right)$$

だから $e^{\lambda t}$, $e^{\overline{\lambda} t}$ の代わりに $e^{\alpha t}\cos\beta t$, $e^{\alpha t}\sin\beta t$ を基本解に採用すればよい（定理 1.4 (iii) 参照）．これにより実関数で一般解を与えることができる．

例 2.9 $x''' - 2x'' + x' - 2x = 0$ の一般解を求めてみよう．

解 特性方程式 $L(\lambda) = \lambda^3 - 2\lambda^2 + \lambda - 2 = (\lambda - 2)(\lambda^2 + 1) = 0$ の特性根は $\lambda = 2, \pm i$ である．従って，$\{e^{2t}, \cos t, \sin t\}$ は基本解となり，一般解として $x = c_1 e^{2t} + c_2 \cos t + c_3 \sin t$（$c_1, c_2, c_3$ は任意定数）を得る． ■

例 2.10 $x^{(4)} - 4x''' + 8x'' - 8x' + 4x = 0$ の一般解を求めてみよう．

解 特性方程式 $L(\lambda) = \lambda^4 - 4\lambda^3 + 8\lambda^2 - 8\lambda + 4 = (\lambda^2 - 2\lambda + 2)^2 = 0$ の特性根は $\lambda = 1 \pm i$（重複度 2）である．従って，$\{e^t \cos t, te^t \cos t, e^t \sin t, te^t \sin t\}$ は基本解となり，一般解として $x = e^t((c_1 + c_2 t)\cos t + (c_3 + c_4 t)\sin t)$（$c_1, c_2, c_3, c_4$ は任意定数）を得る． ■

問 2.12 次の微分方程式の一般解を求めよ．

(1) $x''' + x'' + 4x' + 4x = 0$　(2) $x''' - 2x' + 4x = 0$

(3) $x^{(4)} - 2x''' - 2x'' + 8x = 0$　(4) $x^{(4)} + 8x'' + 16x = 0$

◆ 非斉次方程式の一般解 ◆

非斉次方程式 (2.21) は，$L(D)x = f(t)$ すなわち

$$(D^n + a_1 D^{n-1} + \cdots + a_{n-1} D + a_n)x = f(t)$$

と書けるが，定理 1.5 と同様に 1 つの特解が得られれば一般解が分かる．

定理 2.18 斉次方程式 (2.22) の一般解を $u(t)$ とし，非斉次方程式 (2.21) の1つの特解を $y(t)$ とする．このとき (2.21) の一般解は $x(t) = u(t) + y(t)$ で与えられる．すなわち

$$\{\text{一般解}\} = \{\text{斉次方程式の一般解}\} + \{\text{特解}\}$$

問 2.13 定理 2.18 を示せ．

特解を求める方法はいくつか知られているが，ここでは 1.3 節で用いた未定係数法（$f(t)$ から予測した特解の候補を与式に代入して係数比較）により特解を求めることにする．

例 2.11　$x''' - 3x' + 2x = e^{2t}$ の一般解を求めてみよう．

解　特性方程式 $L(\lambda) = \lambda^3 - 3\lambda + 2 = (\lambda - 1)^2(\lambda + 2) = 0$ の特性根は $\lambda = 1$（重複度 2），-2 だから斉次方程式の一般解として $u = (c_1 + c_2 t)e^t + c_3 e^{-2t}$ を得る．

特解として $y = Ae^{2t}$ をためしてみる．

$$y''' - 3y' + 2y = (8A - 6A + 2A)e^{2t} = 4Ae^{2t}$$

だから係数比較して $4A = 1$ すなわち $A = \frac{1}{4}$ である．よって，一般解として

$$x = u + y = (c_1 + c_2 t)e^t + c_3 e^{-2t} + \frac{1}{4}e^{2t}$$

（c_1, c_2, c_3 は任意定数）を得る．■

問 2.14　次の微分方程式の一般解を求めよ．
(1) $x''' - x = t^2 + t$　(2) $x^{(4)} + 4x'' = 4t^2$　(3) $x''' + x'' - 4x' - 4x = t^2 + t + 1$
(4) $x''' + 4x'' + 4x' = e^{-2t}$　(5) $x''' + 4x' = \sin 2t$　(6) $x^{(4)} - x = e^t \cos t$

◆ 補足：記号解法 * ◆

非斉次方程式 (2.21) の特解を得るために以下の**記号解法**を考える．

λ についての n 次多項式 $L(\lambda) = \lambda^n + a_1\lambda^{n-1} + \cdots + a_{n-1}\lambda + a_n$ に対する $D = \frac{d}{dt}$ の微分演算子 $L(D) = D^n + a_1 D^{n-1} + \cdots + a_{n-1}D + a_n$ を

$$L(D)x = x^{(n)} + a_1 x^{(n-1)} + \cdots + a_{n-1}x' + a_n x$$

とし，2 つの演算子 $L_1(D), L_2(D)$ に対して

$$(L_1(D) + L_2(D))x = L_1(D)x + L_2(D)x$$
$$(L_1(D)L_2(D))x = L_1(D)(L_2(D)x)$$

と定める．このとき，次のことが分かる．

定 理 2.19　微分演算子 $L(D)$ に対して次が成り立つ．

(1)　$L(D)e^{\alpha t} = L(\alpha)e^{\alpha t}$
(2)　$L(D)(e^{\alpha t}x) = e^{\alpha t}L(D + \alpha)x$
(3)　$L(D)x = e^{\alpha t}L(D + \alpha)(e^{-\alpha t}x)$
　特に，$(D - \alpha)^k x = e^{\alpha t}D^k(e^{-\alpha t}x)$　$(k = 1, 2, \cdots)$

証明　(1) $D^k e^{\alpha t} = \alpha^k e^{\alpha t}$ より

$$\begin{aligned} L(D)e^{\alpha t} &= (D^n + a_1 D^{n-1} + \cdots + a_{n-1}D + a_n)e^{\alpha t} \\ &= (\alpha^n + a_1\alpha^{n-1} + \cdots + a_{n-1}\alpha + a_n)e^{\alpha t} = L(\alpha)e^{\alpha t} \end{aligned}$$

(2) $D(e^{\alpha t}x) = e^{\alpha t}Dx + \alpha e^{\alpha t}x = e^{\alpha t}(D+\alpha)x$ より

$$\begin{aligned} D^2(e^{\alpha t}x) &= D(D(e^{\alpha t}x)) = D(e^{\alpha t}(D+\alpha)x) \\ &= e^{\alpha t}(D+\alpha)((D+\alpha)x) = e^{\alpha t}(D+\alpha)^2 x \end{aligned}$$

同様に議論して $D^k(e^{\alpha t}x) = e^{\alpha t}(D+\alpha)^k x$ だから

$$\begin{aligned} L(D)(e^{\alpha t}x) &= (D^n + a_1 D^{n-1} + \cdots + a_{n-1}D + a_n)(e^{\alpha t}x) \\ &= e^{\alpha t}((D+\alpha)^n + a_1(D+\alpha)^{n-1} + \cdots + a_n)x \\ &= e^{\alpha t}L(D+\alpha)x \end{aligned}$$

(3) (2) を適用すると

$$L(D)x = L(D)(e^{\alpha t}(e^{-\alpha t}x)) = e^{\alpha t}L(D+\alpha)(e^{-\alpha t}x)$$

が成り立つ. ■

$L(D)x = f(t)$ の1つの解（特解）y を形式的に

$$y = \frac{1}{L(D)}f(t)$$

と書くことにする.

(i) $\boldsymbol{L(D) = D}$ の場合：

$Dx = f(t)$ は, $x' = f(t)$ だから

$$y = \frac{1}{D}f(t) = \int f(t)\,dt$$

（付加定数 $= 0$）と定める.

(ii) $\boldsymbol{L(D) = D^k}$ $(\boldsymbol{k \geqq 2})$ の場合：

$D^k x = D(D^{k-1}x) = f(t)$ は, 帰納的に

$$y = \frac{1}{D^k}f(t) = \frac{1}{D}\left(\frac{1}{D^{k-1}}f(t)\right) = \int\cdots\int f(t)\,dt\cdots dt \quad (n\text{ 重積分})$$

（付加定数 $=0$）と定める．特に，$f(t)=1$ のときは

$$\frac{1}{D^k}1=\frac{t^k}{k!}$$

と定める．

(iii) $\boldsymbol{L(D)=(D-\alpha)^k}$ $(\boldsymbol{k \geqq 1})$ **の場合：**

$(D-\alpha)^k x = f(t)$ は，定理 2.19(3) より $e^{\alpha t}D^k(e^{-\alpha t}x) = f(t)$ だから $D^k(e^{-\alpha t}x)=e^{-\alpha t}f(t)$ を利用して

$$\begin{aligned} y &= \frac{1}{(D-\alpha)^k}f(t) = e^{\alpha t}\frac{1}{D^k}(e^{-\alpha t}f(t)) \\ &= e^{\alpha t}\int\cdots\int e^{-\alpha t}f(t)\,dt\cdots dt \quad (k\text{ 重積分}) \end{aligned}$$

（付加定数 $=0$）と定める．

(iv) $\boldsymbol{L(D)=(D-\lambda_1)^{n_1}(D-\lambda_2)^{n_2}\cdots(D-\lambda_q)^{n_q}}$
$(\boldsymbol{\lambda_j \neq \lambda_k\ (j\neq k),\ n_1+n_2+\cdots+n_q=n})$ **の場合：**

$\dfrac{1}{L(\lambda)}$ は部分分数分解すれば

$$\frac{1}{L(\lambda)}=\sum_{j=1}^{q}\sum_{k=1}^{n_j}\frac{c_{jk}}{(\lambda-\lambda_j)^k}$$

とできるので $L(D)x=f(t)$ に対して

$$y=\frac{1}{L(D)}f(t)=\sum_{j=1}^{q}\sum_{k=1}^{n_j}\frac{c_{jk}}{(D-\lambda_j)^k}f(t)$$

（付加定数 $=0$）と定める．

特解 y に対して，$\dfrac{1}{L(D)}$ は $L(D)$ の逆演算と考えてよい．また，$L_1(\lambda)$, $L_2(\lambda)$ が多項式ならば，1 次式に因数分解できるので

$$L_1(D)\frac{1}{L_2(D)}=\frac{1}{L_2(D)}L_1(D)$$

と考えてよい．

さらに，$L(D)y_1 = f_1(t)$, $L(D)y_2 = f_2(t)$ ならば $L(D)(c_1y_1 + c_2y_2) = c_1f_1(t) + c_2f_2(t)$ だから

$$\frac{1}{L(D)}(c_1f_1(t) + c_2f_2(t)) = c_1\frac{1}{L(D)}f_1(t) + c_2\frac{1}{L(D)}f_2(t)$$

が成り立つ．次のことが分かる．

定理 2.20　$L(\alpha) \neq 0$ とする．演算子 $\dfrac{1}{L(D)}$ に対して次が成り立つ．

(1)　$\dfrac{1}{L(D)}e^{\alpha t} = \dfrac{1}{L(\alpha)}e^{\alpha t}$

(2)　$\dfrac{1}{L(D)}(e^{\alpha t}f(t)) = e^{\alpha t}\dfrac{1}{L(D+\alpha)}f(t)$

特に，　$\dfrac{1}{(D-\alpha)^k}e^{\alpha t} = e^{\alpha t}\dfrac{1}{D^k}1 = e^{\alpha t}\dfrac{t^k}{k!}$　　$(k = 1, 2, \cdots)$

証明　(1) 定理 2.19(1) より $L(D)e^{\alpha t} = L(\alpha)e^{\alpha t}$ だから

$$\frac{1}{L(D)}e^{\alpha t} = \frac{1}{L(D)}\left(\frac{L(D)}{L(\alpha)}e^{\alpha t}\right) = \frac{1}{L(\alpha)}e^{\alpha t}$$

(2) 定理 2.19(2) より $L(D)(e^{\alpha t}f(t)) = e^{\alpha t}L(D+\alpha)f(t)$ だから

$$\begin{aligned}\frac{1}{L(D)}(e^{\alpha t}f(t)) &= \frac{1}{L(D)}\left(e^{\alpha t}L(D+\alpha)\left(\frac{1}{L(D+\alpha)}f(t)\right)\right)\\ &= \frac{1}{L(D)}\left(L(D)\left(e^{\alpha t}\frac{1}{L(D+\alpha)}f(t)\right)\right) = e^{\alpha t}\frac{1}{L(D+\alpha)}f(t)\end{aligned}$$

が成り立つ．■

具体的な関数 $f(t)$ に対しては以下の計算を行う．

(I)　$\boldsymbol{f(t) = e^{\alpha t}}$ **の場合**：

$L(\lambda) = (\lambda-\alpha)^kL_1(\lambda)$, $L_1(\alpha) \neq 0$ $(k \geqq 1)$ ならば定理 2.20(1), (2) より

$$\begin{aligned}\frac{1}{L(D)}e^{\alpha t} &= \frac{1}{(D-\alpha)^k}\left(\frac{1}{L_1(D)}e^{\alpha t}\right) = \frac{1}{(D-\alpha)^k}\left(\frac{1}{L_1(\alpha)}e^{\alpha t}\right)\\ &= \frac{1}{L_1(\alpha)}e^{\alpha t}\frac{1}{D^k}1 = \frac{1}{L_1(\alpha)}e^{\alpha t}\frac{t^k}{k!}\end{aligned}$$

を利用して特解を求める．

例 2.12　$x'' - 3x' + 2x = e^t$ の一般解を求めてみよう．

解　$L(\lambda) = \lambda^2 - 3\lambda + 2 = (\lambda - 1)(\lambda - 2) = 0$ の特性根は $\lambda = 1, 2$ である．一方

$$\begin{aligned} y &= \frac{1}{L(D)} e^t = \frac{1}{D-1}\left(\frac{1}{D-2} e^t\right) \\ &= \frac{1}{D-1}\left(\frac{1}{1-2} e^t\right) = -e^t \frac{1}{D} 1 = -e^t t \end{aligned}$$

は特解である．よって，一般解として

$$x = c_1 e^t + c_2 e^{2t} - e^t t = e^t (c_1 - t) + c_2 e^{2t}$$

(c_1, c_2 は任意定数) を得る．■

(II)　**$f(t) = \cos(at + b)$, $\sin(at + b)$ の場合：**

オイラーの公式 ($e^{i\theta} = \cos\theta + i\sin\theta$) より

$$\cos(at + b) = \mathrm{Re}\,(e^{ib} e^{iat}), \quad \sin(at + b) = \mathrm{Im}\,(e^{ib} e^{iat})$$

であることを利用して，指数関数の場合に持ち込んで特解を求める．

例 2.13　$x'' - 2x' + 2x = 5\cos t$ の一般解を求めてみよう．

解　$L(\lambda) = \lambda^2 - 2\lambda + 2 = 0$ の特解 $\lambda = 1 \pm i$ である．一方，$\cos t = \mathrm{Re}\,(e^{it})$ より

$$\begin{aligned} y &= 5\,\mathrm{Re}\left(\frac{1}{L(D)} e^{it}\right) = 5\,\mathrm{Re}\left(\frac{1}{L(i)} e^{it}\right) \\ &= 5\,\mathrm{Re}\left(\frac{1}{1-2i} (\cos t + i\sin t)\right) \\ &= \mathrm{Re}\,((1 + 2i)(\cos t + i\sin t)) = \cos t - 2\sin t \end{aligned}$$

は特解である．よって，一般解として

$$x = e^t (c_1 \cos t + c_2 \sin t) + \cos t - 2\sin t$$

(c_1, c_2 は任意定数) を得る．■

(III)　$f(t) = (m$ 次多項式$)$ の場合：

微積分の割り算法を利用する．

$$L(D)F(t) = f(t) \quad \Longleftrightarrow \quad \begin{array}{r} F(t) \\ L(D)\,\overline{)\,f(t)} \\ f(t) \\ \hline 0 \end{array}$$

例 2.14　$x''' - 2x'' + 2x' = 6t^2 + 2$ の一般解を求めてみよう．

解　$L(\lambda) = \lambda^3 - 2\lambda^2 + 2\lambda = \lambda(\lambda^2 - 2\lambda + 2) = 0$ の特性根は $\lambda = 0, 1 \pm i$ である．一方

$$\begin{array}{rr} & t^3 + 3t^2 + 4t \\ \cline{2-2} 2D - 2D^2 + D^3 & \big)\, 6t^2 \qquad\quad + \ 2 \\ & 6t^2 - 12t + \ 6 \\ \cline{2-2} & 12t - \ 4 \\ & 12t - 12 \\ \cline{2-2} & 8 \\ & 8 \\ \cline{2-2} & 0 \end{array}$$

$(2D - 2D^2 + D^3)(t^3 + 3t^2 + 4t) = 6t^2 + 2$ だから

$$y = \frac{1}{L(D)}(6t^2 + 2) = t^3 + 3t^2 + 4t$$

は特解である．よって，一般解として

$$x = c_1 + e^t(c_2 \cos t + c_3 \sin t) + t^3 + 3t^2 + 4t$$

（c_1, c_2, c_3 は任意定数）を得る．■

(IV)　$f(t) = (m$ 次多項式$) \times e^{\alpha t}$ の場合：

まず，定理 2.20(2) を利用して $e^{\alpha t}$ を処理し，m 次多項式だけにしてから (III) の場合に持ち込んで特解を求める．

例 2.15　$x'' + 2x' - 3x = 9te^{-2t}$ の一般解を求めてみよう．

解　$L(\lambda) = \lambda^2 + 2\lambda - 3 = (\lambda + 3)(\lambda - 1) = 0$ の特性根は $\lambda = -3, 1$ である．一方

$$y = \frac{1}{L(D)}(9te^{-2t}) = e^{-2t}\frac{1}{L(D-2)}(9t)$$

ここで，$L(D-2)=(D+1)(D-3)=-3-2D+D^2$ である．また

$$
\begin{array}{rr}
 & -3t+2 \\ \cline{2-2}
-3-2D+D^2 & \big)\, 9t \qquad \\
 & 9t+6 \\ \cline{2-2}
 & -6 \\
 & -6 \\ \cline{2-2}
 & 0
\end{array}
$$

$(-3-2D+D^2)(-3t+2)=9t$ だから

$$y=e^{-2t}\frac{1}{L(D-2)}(9t)=e^{-2t}(-3t+2)$$

は特解である．よって，一般解として

$$x=c_1e^{-3t}+c_2e^t-e^{-2t}(3t-2)$$

（c_1, c_2 は任意定数）を得る． ■

問 2.15 次の微分方程式の一般解を求めよ．

(1) $x'''+4x''+4x'=4e^{2t}$　　(2) $x'''+x'=\sin 2t$

(3) $x''+x'-x=t^2$　　(4) $x'''+3x''-4x=e^t+e^{-2t}$

(5) $x''-2x'+5x=e^t\cos 2t$　　(6) $x''+2x'+5x=(1+t)e^{-t}$

2.5 微分方程式の級数解

◆ 級数解法 ◆

逐次近似法で求めた解（例 2.3 参照）は，近似解列 $\{x_n(t)\}$ の極限関数 $x(t)=\lim_{n\to\infty}x_n(t)$（すなわち，級数の形）で与えられた．実は，このような解（級数解）は，あらかじめべき級数 $\sum_{n=0}^{\infty}c_n(t-a)^n$ の形の解を想定しておき，対応する微分方程式からべき級数の係数 c_n を決定して求めることもできる．それを**級数解法**という．べき級数は項別に微分することができる．すなわち

$$x(t)=\sum_{n=0}^{\infty}c_n(t-a)^n=c_0+c_1(t-a)+c_2(t-a)^2+\cdots$$

が $|t-a|<R$ において収束するならば，項別に微分して得られるべき級数も $|t-a|<R$ において収束し

$$x'(t)=\sum_{n=1}^{\infty} nc_n(t-a)^{n-1}=c_1+2c_2(t-a)+3c_3(t-a)^2+\cdots$$

が成り立つ．また，線形微分方程式，例えば

$$a(t)x''+b(t)x'+c(t)x=f(t) \tag{2.25}$$

の係数 $a(t)$, $b(t)$, $c(t)$ および右辺の項 $f(t)$ がべき級数展開可能（すなわち，解析的）ならば，微分方程式は級数解を持つ．

また，よく知られた初等関数のべき級数展開

$$e^t=\sum_{n=0}^{\infty}\frac{1}{n!}t^n=1+t+\frac{t^2}{2!}+\frac{t^3}{3!}+\cdots$$

$$\cos t=\sum_{n=0}^{\infty}\frac{(-1)^n}{(2n)!}t^{2n}=1-\frac{t^2}{2!}+\frac{t^4}{4!}-\frac{t^6}{6!}+\cdots$$

$$\sin t=\sum_{n=0}^{\infty}\frac{(-1)^n}{(2n+1)!}t^{2n+1}=t-\frac{t^3}{3!}+\frac{t^5}{5!}-\frac{t^7}{7!}+\cdots$$

$$\frac{1}{1-t}=\sum_{n=0}^{\infty}t^n=1+t+t^2+t^3+\cdots \qquad (|t|<1)$$

$$\log(1+t)=\sum_{n=1}^{\infty}\frac{(-1)^{n-1}}{n}t^n=t-\frac{t^2}{2}+\frac{t^3}{3}-\frac{t^4}{4}+\cdots \qquad (|t|<1)$$

などを利用することで，得られたべき級数解を初等関数の解の形に改められることもある．

例 2.16 $x'-x=0$ の一般解を求めてみよう．

解 $t=0$ のまわりで級数解 $x=\sum_{n=0}^{\infty}c_nt^n$ を考える．

$$x'=\sum_{n=1}^{\infty}nc_nt^{n-1}=\sum_{n=0}^{\infty}(n+1)c_{n+1}t^n$$

だから

$$x'-x=\sum_{n=0}^{\infty}\left((n+1)c_{n+1}-c_n\right)t^n=0$$

このとき，$(n+1)c_{n+1}-c_n=0$ $(n \geqq 0)$, すなわち

$$c_n = \frac{1}{n}c_{n-1} = \frac{1}{n}\cdot\frac{1}{n-1}c_{n-2} = \cdots = \frac{1}{n!}c_0$$

よって，一般解として

$$x = c_0\sum_{n=0}^{\infty}\frac{1}{n!}t^n = c_0e^t$$

(c_0 は任意定数）を得る. ■

例 2.17　$x''+x=0$ の一般解を求めてみよう.

解　$t=0$ のまわりで級数解 $x=\sum_{n=0}^{\infty}c_nt^n$ を考える.

$$x'' = \sum_{n=2}^{\infty}n(n-1)c_nt^{n-2} = \sum_{n=0}^{\infty}(n+2)(n+1)c_{n+2}t^n$$

だから

$$x''+x = \sum_{n=0}^{\infty}\left((n+2)(n+1)c_{n+2}+c_n\right)t^n = 0$$

このとき，$(n+2)(n+1)c_{n+2}+c_n=0$ $(n \geqq 0)$, すなわち

$$c_{2k} = \frac{-1}{2k(2k-1)}c_{2(k-1)} = \cdots = \frac{(-1)^k}{(2k)!}c_0 \qquad (k \geqq 0)$$

$$c_{2k+1} = \frac{-1}{(2k+1)2k}c_{2k-1} = \cdots = \frac{(-1)^k}{(2k+1)!}c_1 \qquad (k \geqq 0)$$

よって，一般解として

$$\begin{aligned} x &= c_0\sum_{k=0}^{\infty}\frac{(-1)^k}{(2k)!}t^{2k} + c_1\sum_{k=0}^{\infty}\frac{(-1)^k}{(2k+1)!}t^{2k+1} \\ &= c_0\cos t + c_1\sin t \end{aligned}$$

(c_0, c_1 は任意定数）を得る. ■

問 2.16　次の微分方程式に級数解法を適応して一般解を求めよ.

(1) $x'+x=t$　　(2) $x'-2x=2t^2-2t$

(3) $x''+4x=2t^2+1$　　(4) $x''-x'=2t+2$

♦ 変数係数線形微分方程式の級数解 ♦

級数解法は，変数係数の線形微分方程式を取り扱う上でも非常に効率の良い方法の1つとして利用されている．

例 2.18 $x'' + tx' + x = 0$ の一般解を求めてみよう．

解 $t = 0$ のまわりで級数解 $x = \sum_{n=0}^{\infty} c_n t^n = c_0 + \sum_{n=1}^{\infty} c_n t^n$ を考える．

$$tx' = \sum_{n=1}^{\infty} nc_n t^n, \quad x'' = 2c_2 + \sum_{n=1}^{\infty}(n+2)(n+1)c_{n+2}t^n$$

だから

$$x'' + tx' + x = (2c_2 + c_0) + \sum_{n=1}^{\infty}\left((n+2)(n+1)c_{n+2} + (n+1)c_n\right)t^n = 0$$

このとき，$2c_2 + c_0 = 0$, $(n+2)c_{n+2} + c_n = 0$ $(n \geqq 1)$，すなわち

$$c_{2k} = \frac{-1}{2k}c_{2(k-1)} = \frac{-1}{2k}\cdot\frac{-1}{2(k-1)}\cdots\frac{-1}{2\cdot 2}c_2 = \frac{(-1)^k}{2^k k!}c_0$$

$$c_{2k+1} = \frac{-1}{2k+1}c_{2k-1} = \frac{-1}{2k+1}\cdot\frac{-1}{2k-1}\cdots\frac{-1}{3}c_1 = \frac{(-1)^k}{(2k+1)!!}c_1$$

ただし，!! は二重階乗である．よって，一般解として

$$\begin{aligned} x &= c_0\sum_{k=0}^{\infty}\frac{1}{k!}\left(-\frac{t^2}{2}\right)^k + c_1\sum_{k=0}^{\infty}\frac{(-1)^k}{(2k+1)!!}t^{2k+1} \\ &= c_0 e^{-\frac{t^2}{2}} + c_1\sum_{n=0}^{\infty}\frac{(-1)^n}{(2n+1)!!}t^{2n+1} \end{aligned}$$

（c_0, c_1 は任意定数）を得る． ■

$t = 0$ のまわりで級数解 $\sum_{n=0}^{\infty} c_n t^n$ が見つからない場合には，$t = \alpha$ $(\alpha \neq 0)$ のまわりで級数解 $\sum_{n=0}^{\infty} c_n(t-\alpha)^n$ や $\sum_{n=0}^{\infty} c_n t^{n+\nu}$ などを考えることになる．

一方，線形微分方程式，例えば (2.25) が $t = \alpha$ $(\alpha \neq 0)$ のまわりで級数解

$$x(t) = \sum_{n=0}^{\infty} c_n(t-\alpha)^n$$

を持つときは，$y(s)=x(t)$, $s=t-\alpha$ と変換することにより，y の線形微分方程式

$$a(s+\alpha)y''+b(s+\alpha)y'+c(s+\alpha)y=f(s+\alpha)$$

となり，$s=0$ のまわりで級数解 $y(s)=\sum_{n=0}^{\infty}c_n s^n$ を持つことになる．従って，必要に応じて変数変換を行ってから級数解法を適応してもよい．

例 2.19　$x'-\dfrac{1}{t}x=1$ の一般解を求めてみよう．

解　$t=0$ のまわりでは級数解が見つからないので，$t=1$ のまわりで級数解を探すことにする．そこで，$y(s)=x(t)$, $s=t-1$ と変換すると，与式は

$$(1+s)y'-y=1+s$$

となる．$s=0$ のまわりで級数解 $y=\sum_{n=0}^{\infty}c_n s^n=c_0+\sum_{n=1}^{\infty}c_n s^n$ を考える．

$$y'=\sum_{n=1}^{\infty}nc_n s^{n-1}=c_1+\sum_{n=1}^{\infty}(n+1)c_{n+1}s^n, \quad sy'=\sum_{n=1}^{\infty}nc_n s^n$$

だから

$$(1+s)y'-y=(c_1-c_0)+\sum_{n=1}^{\infty}\left((n+1)c_{n+1}+(n-1)c_n\right)s^n=1+s$$

このとき，$c_1-c_0=1$, $2c_2=1$, $(n+1)c_{n+1}+(n-1)c_n=0$ $(n\geqq 2)$，すなわち $c_1=c_0+1$ かつ

$$\begin{aligned}c_n&=-\frac{n-2}{n}c_{n-1}=(-1)^{n-2}\frac{n-2}{n}\cdot\frac{n-3}{n-1}\cdots\frac{2}{4}\cdot\frac{1}{3}c_2\\&=\frac{(-1)^{n-2}}{n(n-1)}=\frac{(-1)^{n-1}}{n}+\frac{(-1)^{n-2}}{n-1}\quad(n\geqq 2)\end{aligned}$$

さらに

$$\begin{aligned}\sum_{n=2}^{\infty}\frac{(-1)^{n-1}}{n}s^n&=\sum_{n=1}^{\infty}\frac{(-1)^{n-1}}{n}s^n-s=\log(1+s)-s\\\sum_{n=2}^{\infty}\frac{(-1)^{n-2}}{n-1}s^n&=s\sum_{n=1}^{\infty}\frac{(-1)^{n-1}}{n}s^n=s\log(1+s)\end{aligned}$$

だから

$$y = c_0 + (c_0 + 1)s + (\log(1+s) - s) + s\log(1+s)$$

よって，一般解として

$$\begin{aligned} x &= c_0 + (c_0 + 1)(t-1) + (\log t - (t-1)) + (t-1)\log t \\ &= c_0 t + t\log t \end{aligned}$$

（c_0 は任意定数）を得る． ■

問 2.17　次の微分方程式に級数解法を適応して一般解を求めよ．

(1) $x' - 2tx = 4t$　(2) $x' + 2tx = 1$　(3) $(1-t)x' - x = 1 - 2t$

(4) $x' - \dfrac{2}{t}x = t$　(5) $x'' - tx' - 2x = 0$　(6) $x'' + 2tx' + 4x = 0$

◆ 応用上の微分方程式* ◆

数理物理学とその工学的応用で扱われる重要な微分方程式の中には，初等関数を用いて表すことのできない解（級数解）がしばしば現れる．特に，級数解は，非常に良い精度の近似解を与え，数値的な計算により解の性質を特徴づけたり，解の概形を描いたりする上で重要な役割を果たしている．また，考えているべき級数の中心における値が分かっている問題との相性が良い．例えば，微分方程式 (2.25) の一般解がべき級数 $x(t) = \sum_{n=0}^{n} c_n(t-a)^n$ で与えられているならば，$t = a$ では $x(a) = c_0$, $x'(a) = c_1$ を満たしている．

例 2.20　**（ルジャンドルの微分方程式）**　球（例えば，球コンデンサ）に対する球対称性を示す問題などに関連して，ルジャンドル（A.M.Legendre 1751–1833）の微分方程式

$$(t^2 - 1)x'' + 2tx' - \nu(\nu+1)x = 0 \tag{2.26}$$

（ν は非負の整数）が現れる．ここでは，$t = 0$ での条件

$$x(0) = \alpha, \quad x'(0) = \beta$$

を満たす解を，$t = 0$ のまわりでべき級数

$$x(t) = \sum_{n=0}^{\infty} c_n t^n$$

の形を想定して求めてみよう．

解　(i) まず，$x(0)=1$, $x'(0)=0$ の場合の (2.26) の解を求める．

$$x=c_0+c_1t+\sum_{n=2}^{\infty}c_nt^n\,,\quad tx'=\sum_{n=1}^{\infty}nc_nt^n=c_1t+\sum_{n=2}^{\infty}nc_nt^n$$

$$x''=2c_2+6c_3t+\sum_{n=2}^{\infty}(n+2)(n+1)c_{n+2}t^n\,,\quad t^2x''=\sum_{n=2}^{\infty}n(n-1)c_nt^n$$

だから

$$\begin{aligned}&(t^2-1)x''+2tx'-\nu(\nu+1)x\\&=-\left(2c_2+\nu(\nu+1)c_0\right)-\left(6c_3-\left(2-\nu(\nu+1)\right)c_1\right)t\\&\quad-\sum_{n=2}^{\infty}\left((n+2)(n+1)c_{n+2}-\left(n(n+1)-\nu(\nu+1)\right)c_n\right)t^n=0\end{aligned}$$

このとき，$2c_2+\nu(\nu+1)c_0=0$, $6c_3-\left(2-\nu(\nu+1)\right)c_1=0$ かつ

$$(n+2)(n+1)c_{n+2}-\left(n(n+1)-\nu(\nu+1)\right)c_n=0\quad(n\geqq 2)$$

だから $c_0=1$, $c_1=0$ より

$$\begin{aligned}c_2&=\frac{-\nu(\nu+1)}{2}c_0=\frac{-\nu(\nu+1)}{2}\,,\quad c_3=\frac{2-\nu(\nu+1)}{6}c_1=0\\c_{2k}&=\frac{2(k-1)(2k-1)-\nu(\nu+1)}{(2k)(2k-1)}c_{2(k-1)}\quad(k\geqq 2)\\c_{2k+1}&=\frac{(2k-1)(2k)-\nu(\nu+1)}{(2k+1)(2k)}c_{2k-1}\quad(k\geqq 2)\end{aligned}$$

すなわち $c_0=1$ かつ

$$c_{2k}=\frac{1}{(2k)!}\prod_{j=0}^{k-1}\left(2j(2j+1)-\nu(\nu+1)\right)\quad(k\geqq 1)\,,\quad c_{2k+1}=0\quad(k\geqq 0)$$

よって，解 $x=x_1(t)$ は次で与えらえる．

$$x_1(t)=1+\sum_{k=1}^{\infty}\frac{1}{(2k)!}\prod_{j=0}^{k-1}\left(2j(2j+1)-\nu(\nu+1)\right)t^{2k}\tag{2.27}$$

(ii) 次に，$x(0)=0,\ x'(0)=1$ の場合の (2.26) の解を求める．(i) の場合と同様にして，$c_{2k}=0\ (k \geqq 0),\ c_1=1$ かつ

$$c_{2k+1}=\frac{1}{(2k+1)!}\prod_{j=0}^{k-1}((2j+1)(2j+2)-\nu(\nu+1)) \quad (k \geqq 1)$$

を得る．よって，解 $x=x_2(t)$ は次で与えらえる．

$$x_2(t)=t+\sum_{k=1}^{\infty}\frac{1}{(2k+1)!}\prod_{j=0}^{k-1}((2j+1)(2j+2)-\nu(\nu+1))\,t^{2k+1} \quad (2.28)$$

(iii) 従って，$x(0)=\alpha,\ x'(0)=\beta$ の場合の (2.26) の解 $x=x(t)$ は

$$x(t)=\alpha x_1(t)+\beta x_2(t)$$

（問 1.24，定理 2.12 参照）となる．ただし，$x_1(t),\ x_2(t)$ はそれぞれ (2.27), (2.28) で与えられたべき級数である． ■

問 2.18 $x(0)=0,\ x'(0)=1$ の場合の (2.26) の解 $x=x_2(t)$ を求めよ．

例 2.21 **（ベッセルの微分方程式）** 振動，熱伝導，電界などで議論となる円柱対称性を示す問題に関連して，ベッセル（F.W.Bessel 1784–1846）の微分方程式 $t^2x''+tx'+(t^2-\nu^2)x=0\ (\nu \geqq 0)$ が現れる．ここでは，0 次のベッセルの微分方程式

$$tx''+x'+tx=0 \quad (2.29)$$

と $t=0$ での条件

$$x(0)=1, \quad x'(0)=0$$

を満たす解を，$t=0$ のまわりでべき級数 $x(t)=\sum_{n=0}^{\infty}c_nt^n$ の形を想定して求めてみよう．

解

$$tx=\sum_{n=1}^{\infty}c_{n-1}t^n, \quad x'=c_1+\sum_{n=1}^{\infty}(n+1)c_{n+1}t^n$$

$$tx''=\sum_{n=1}^{\infty}(n+1)nc_{n+1}t^n$$

だから

$$tx'' + x' + tx = c_1 + \sum_{n=1}^{\infty} \left((n+1)^2 c_{n+1} + c_{n-1}\right) t^n = 0$$

このとき，$c_1 = 0$, $(n+1)^2 c_{n+1} + c_{n-1} = 0$ $(n \geqq 1)$ だから

$$c_{2k} = \frac{-1}{(2k)^2} c_{2(k-1)} \quad (k \geqq 1), \quad c_{2k+1} = \frac{-1}{(2k+1)^2} c_{2k-1} \quad (k \geqq 1)$$

すなわち，$c_0 = 1$, $c_1 = 0$ より

$$c_{2k} = \frac{(-1)^k}{2^{2k}(k!)^2} \quad (k \geqq 0), \quad c_{2k+1} = 0 \quad (k \geqq 0)$$

よって，解 $x = x(t)$ は

$$x(t) = \sum_{n=0}^{\infty} \frac{(-1)^n}{2^{2n}(n!)^2} t^{2n}$$

となる．■

注意　ν 次のベッセルの微分方程式 $t^2x'' + tx' + (t^2 - \nu^2)x = 0$ と条件 $x(0) = 1$, $x'(0) = 0$ を満たす解は $x(t) = \sum_{n=0}^{\infty} c_n t^{n+\nu}$ の形を想定して求めることができる．その級数解は

$$x(t) = \sum_{n=0}^{\infty} \frac{\nu(-1)^n}{2^{2n} n! \prod_{j=0}^{n} (j+\nu)} t^{2n+\nu}$$

となる．これは第 1 種ベッセル関数に対応するものである．条件 $x(0) = 0$, $x'(0) = 1$ を満たす解を求めるには，さらなる工夫が必要となるため本書ではは使わない．

問 2.19　2 次のベッセルの微分方程式

$$t^2x'' + tx' + (t^2 - 4)x = 0$$

と条件 $x(0) = 1$, $x'(0) = 0$ を満たす解 $x(t)$ を，$x(t) = \sum_{n=0}^{\infty} c_n t^{n+2}$ の形を想定して求めよ．

♦♦ コラム ♦♦

変数係数線形微分方程式の一般解について考えてみよう．線形微分方程式であっても係数が定数でない場合には，一般解を求めるための一般的な方法は知られていない．しかし，斉次方程式の特解 $x = \varphi(t)$ $(\neq 0)$ が見つかっているときには，**定数変化法**を用いて一般解を求めることができる（例1.10の別解のコラム参照）．実際，$x = c\varphi(t)$（c は任意定数）も斉次方程式の解となるので，この定数 c を関数 $u(t)$ に置き換えた $x = u(t)\varphi(t)$ を考え，これが対象の微分方程式を満たすように $u(t)$ を定めればよい．例えば

$$x'' - \frac{1}{t}x' + \frac{1}{t^2}x = t$$

は，対応する斉次方程式が $x = t$ を特解に持つことから，$x = tu$ が与式を満たすような関数 $u = u(t)$ を定め，一般解を求めることができる．実際，$x' = tu' + u$，$x'' = tu'' + 2u'$ より

$$x'' - \frac{1}{t}x' + \frac{1}{t^2}x = t\left(u'' + \frac{1}{t}u'\right)$$

だから $v = u'$ とおくと

$$v' + \frac{1}{t}v = 1 \quad \text{すなわち} \quad (tv)' = t$$

を得る．このとき

$$v = \frac{t}{2} + \frac{c_1}{t} \quad \text{より} \quad u = \frac{t^2}{4} + c_1 \log|t| + c_2$$

となり，与式の一般解として

$$x = tu = \frac{t^3}{4} + c_1 t \log|t| + c_2 t$$

（c_1, c_2 は任意定数）を得る．なお，特解を見つけるときは，$x = t^k$ や e^{kt} などをその候補としてためしてみて，k が定まれば特解が見つかったことになる．

◆◆◆ Exercises ◆◆◆

問 2.20 次の微分方程式の一般解を求めよ．

(1) $x''' - 3x'' + 4x' - 2x = 0$　(2) $x^{(4)} + 2x''' + x'' = 0$

(3) $x^{(4)} + 2x'' + x = 0$　(4) $x''' + 4x'' + 4x' = 4e^{-2t}$

(5) $x''' - x'' - x' + x = 9te^{2t}$　(6) $x''' + x' = 4t\cos t$

問 2.21 次の微分方程式に級数解法を適応して一般解を求めよ．

(1) $x' - \dfrac{1}{1+t}x = t$　(2) $tx' - x = t + 1$

(3) $tx' + x = 2t$　(4) $x'' - x = t^2 + t + 1$

(5) $x'' - tx' + x = 0$　(6) $x'' + 2tx' + 2x = 2t + 1$

問 2.22 次の微分方程式の一般解を求めよ．ただし，$[x = \varphi(t)]$ は斉次方程式の特解である．（ヒント：定数変化法を用いることができる．）

(1) $t^2x'' + 5tx' + 4x = 0 \quad [x = \dfrac{1}{t^2}]$

(2) $x'' + x' + \dfrac{t-2}{t^2}x = 0 \quad [x = \dfrac{1}{t}]$

(3) $tx'' - (t+1)x' + x = e^t t^2 \quad [x = e^t]$

(4) $(t^2+1)x'' - 2tx' + 2x = 6(t^2+1)^2 \quad [x = t]$

問 2.23 次のことを示せ．
$\boldsymbol{f}(t, \boldsymbol{x})$ が有界閉領域 $\overline{D}$ $(\subset \boldsymbol{R} \times \boldsymbol{R}^n)$ 上で $\boldsymbol{x}$ についてリプシッツ連続ならば，初期値問題

$$\boldsymbol{x}' = \boldsymbol{f}(t, \boldsymbol{x}), \quad \boldsymbol{x}(t_0) = \boldsymbol{x}_0$$

の解 $\boldsymbol{x}(t; \boldsymbol{x}_0)$ は初期値 $\boldsymbol{x}_0$ に関してリプシッツ連続である．

第3章

線形微分方程式の解の行列表現

連立の線形微分方程式の解法には行列の考え方を利用することができる．特に，線形代数学で学ぶ行列の固有値問題の直接的な応用として理解しやすい．本章では，行列の対角化や標準化を経由して微分方程式の解を行列表現して求める方法について解説する．また，射影行列の性質を利用した微分方程式の解法についても紹介する．

3.1　線形微分方程式と行列の指数関数

◆ 連立の定数係数線形微分方程式 ◆

$\boldsymbol{x}' = A\boldsymbol{x}$ の一般解を行列の指数関数を用いて表すことを考える．ここで

$$\boldsymbol{x} = \begin{pmatrix} x_1 \\ \vdots \\ x_n \end{pmatrix}, \quad \boldsymbol{x}' = \begin{pmatrix} x_1' \\ \vdots \\ x_n' \end{pmatrix}, \quad A = \begin{pmatrix} a_{11} & \cdots & a_{1n} \\ \vdots & & \vdots \\ a_{n1} & \cdots & a_{nn} \end{pmatrix}$$

である．単独の方程式 $x' = ax$ の一般解は

$$x = ce^{at} \ (= e^{ta}c) \quad (c \text{ は任意定数})$$

で与えられることから，連立の方程式 $\boldsymbol{x}' = A\boldsymbol{x}$ の一般解も $\boldsymbol{x} = e^{tA}\boldsymbol{c}$（$\boldsymbol{c}$ は任意定ベクトル）の形で与えられることが期待できる．

◆ 行列の指数関数 ◆

指数関数 e^{at} の級数展開は

$$e^{at} = \sum_{k=0}^{\infty} \frac{(at)^k}{k!} = 1 + at + \frac{(at)^2}{2!} + \frac{(at)^3}{3!} + \cdots$$

であり，この級数は任意の a, t について絶対収束している．そこで，この級数展開を参考にして，n 次行列 A に対する行列の指数関数 e^{tA}（または e^{At}）を

$$e^{tA} = \sum_{k=0}^{\infty} \frac{t^k}{k!} A^k = I + tA + \frac{t^2}{2!} A^2 + \frac{t^3}{3!} A^3 + \cdots$$

と定義する．ただし，$A^0 = I$（I は n 次単位行列）とし，n 次零行列 O に対して $e^O = I$ とする．特に，$e^{tI} = e^t I$ となる．行列の級数の収束は各成分ごとの収束を意味し，† 右辺の級数は任意の A, t について絶対収束する．

定 理 3.1　行列の指数関数 e^{tA} に対して次が成り立つ．

(1) $AB = BA$ ならば $e^{tA}e^{tB} = e^{t(A+B)}$　（指数の法則）

(2) 任意の行列 A に対して e^{tA} は正則で $(e^{tA})^{-1} = e^{-tA}$

(3) 正則行列 P に対して $e^{tP^{-1}AP} = P^{-1}e^{tA}P$

(4) $\dfrac{d}{dt}(e^{tA}) = Ae^{tA} = e^{tA}A$

注意　行列値関数の微分は各成分ごとの微分とする．

証明　(1) 行列の指数関数を定める級数は絶対収束しているので，数の場合と同様に級数の項の順序を入れ換えることができる．従って

$$\begin{aligned}
e^{tA}e^{tB} &= \left(\sum_{j=0}^{\infty} \frac{t^j}{j!} A^j\right)\left(\sum_{k=0}^{\infty} \frac{t^k}{k!} B^k\right) = \sum_{k=0}^{\infty}\sum_{j=0}^{\infty} \frac{t^{j+k}}{j!\,k!} A^j B^k \\
&= \sum_{\ell=0}^{\infty}\sum_{j=0}^{\ell} \frac{t^\ell}{j!\,(\ell-j)!} A^j B^{\ell-j} \quad (j+k=\ell \text{ の項をまとめる}) \\
&= \sum_{\ell=0}^{\infty} \frac{t^\ell}{\ell!} \sum_{j=0}^{\ell} \frac{\ell!}{j!\,(\ell-j)!} A^j B^{\ell-j} = \sum_{\ell=0}^{\infty} \frac{t^\ell}{\ell!}(A+B)^\ell = e^{t(A+B)}
\end{aligned}$$

(2) $X = e^{-tA}$ とおくと，　$e^{tA}X = e^{tA}e^{-tA} = e^{t(A-A)} = e^O = I$　だから，e^{tA} は正則で $(e^{tA})^{-1} = X = e^{-tA}$ となる．

---

†$A = (a_{i,j})$, $A^k = (a_{i,j}^{(k)})$, $a_{i,j}^{(1)} = a_{i,j}$, $a_{i,j}^{(0)} = \delta_{i,j}$（クロネッカーのデルタ）とし，$\alpha = \max_{i,j} |a_{i,j}|$ とおくと，$|a_{i,j}^{(k)}| \leqq (n\alpha)^k$ $(k = 0, 1, \cdots)$ が成り立つ．従って，$\left|\dfrac{t^k}{k!} a_{i,j}^{(k)}\right| \leqq \dfrac{(n\alpha|t|)^k}{k!}$ となり，$\displaystyle\sum_{k=0}^{\infty} \frac{(n\alpha|t|)^k}{k!}$ $(= e^{n\alpha|t|})$ は収束するので，$\displaystyle\sum_{k=0}^{\infty} \frac{t^k}{k!} a_{i,j}^{(k)}$ は絶対収束する．

(3) $(P^{-1}AP)^k = (P^{-1}AP)(P^{-1}AP)\cdots(P^{-1}AP) = P^{-1}A^kP$ だから

$$e^{tP^{-1}AP} = \sum_{k=0}^{\infty}\frac{t^k}{k!}(P^{-1}AP)^k = \sum_{k=0}^{\infty}\frac{t^k}{k!}P^{-1}A^kP$$
$$= P^{-1}\left(\sum_{k=0}^{\infty}\frac{t^k}{k!}A^k\right)P = P^{-1}e^{tA}P$$

(4) $e^{tA} = I + \dfrac{t}{1!}A + \dfrac{t^2}{2!}A^2 + \dfrac{t^3}{3!}A^3 + \cdots$ を項別微分すると

$$\frac{d}{dt}(e^{tA}) = A + \frac{t}{1!}A^2 + \frac{t^2}{2!}A^3 + \frac{t^3}{3!}A^4 + \cdots\cdots$$
$$= A\left(I + \frac{t}{1!}A + \frac{t^2}{2!}A^2 + \frac{t^3}{3!}A^3 + \cdots\right) = Ae^{tA}$$
$$= \left(I + \frac{t}{1!}A + \frac{t^2}{2!}A^2 + \frac{t^3}{3!}A^3 + \cdots\right)A = e^{tA}A$$

を得る. ■

定理 3.1(4) より $\boldsymbol{x} = e^{tA}\boldsymbol{c}$ ($\boldsymbol{c}$ は任意定ベクトル) は

$$\boldsymbol{x}' = \frac{d}{dt}e^{tA}\boldsymbol{c} = Ae^{tA}\boldsymbol{c} = A\boldsymbol{x}$$

を満たすので, $\boldsymbol{x}' = A\boldsymbol{x}$ の一般解を与える. 一方, 定理 3.1(3) より

$$e^{tA} = Pe^{tP^{-1}AP}P^{-1} \tag{3.1}$$

が成り立つ. 従って, $\boldsymbol{x}' = A\boldsymbol{x}$ の一般解を得るためには, A の標準形 $P^{-1}AP$ に対する行列の指数関数 $e^{tP^{-1}AP}$ が求まればよいことになる.

3.2 線形微分方程式と行列の標準形

◆ 行列の固有値問題 ◆

まず, 行列の固有値問題を復習しておこう. n 次行列 A に対して

$$A\boldsymbol{x} = \lambda\boldsymbol{x}, \quad \boldsymbol{x} \neq \boldsymbol{0}$$

を満たすスカラー λ を行列 A の**固有値**といい, n 次ベクトル $\boldsymbol{x}$ を行列 A の固

有値 λ に対する**固有ベクトル**という．また，集合

$$V(\lambda) = \{\boldsymbol{x} \mid A\boldsymbol{x} = \lambda\boldsymbol{x}\} = \{\boldsymbol{x} \mid (\lambda I - A)\boldsymbol{x} = \boldsymbol{0}\}$$

を行列 A の固有値 λ に対する**固有空間**という．従って，固有空間 $V(\lambda)$ の $\boldsymbol{0}$ でないベクトルは固有値 λ に対する固有ベクトルである．

特に，固有空間 $V(\lambda)$ が

$$V(\lambda) = \{c_1\boldsymbol{x}_1 + c_2\boldsymbol{x}_2 + \cdots + c_s\boldsymbol{x}_s \mid c_1, c_2, \cdots, c_s \text{ はスカラー}\}$$

であるときは

$$V(\lambda) = \langle \boldsymbol{x}_1, \boldsymbol{x}_2, \cdots, \boldsymbol{x}_s \rangle \quad \left(\text{または } V(\lambda) = \mathrm{Span}\,\{\boldsymbol{x}_1, \boldsymbol{x}_2, \cdots, \boldsymbol{x}_s\}\right)$$

と書くことにする．また，$V(\lambda)$ の [†] 次元を $\dim V(\lambda)$ と書く．

注意　固有空間の次元に関して次が成り立つ．

(1)　$\dim V(\lambda_k) = n - \mathrm{rank}\,(\lambda_k I - A)$

(2)　$1 \leqq \dim V(\lambda_k) \leqq$ (固有値 λ_k の重複度)

行列 A の**固有多項式**を $F_A(\lambda) = |\lambda I - A|$ とすると，A の固有値 λ は**固有方程式** $F_A(\lambda) = 0$ の解である．特に，2 次行列 $A = \begin{pmatrix} a & b \\ c & d \end{pmatrix}$ に対して

$$F_A(\lambda) = |\lambda I - A| = \begin{vmatrix} \lambda - a & -b \\ -c & \lambda - d \end{vmatrix} = \lambda^2 - (a+d)\lambda + ad - bc = 0$$

の解を λ_1, λ_2 とすると，λ_1, λ_2 は A の固有値である．

例 3.1　$A = \begin{pmatrix} 1 & 2 \\ 2 & 1 \end{pmatrix}$ の固有値と固有空間を求めてみよう．

解　$F_A(\lambda) = |\lambda I - A| = (\lambda - 3)(\lambda + 1)$ だから A の固有値は $\lambda = 3, -1$ である．また，固有空間 $V(3)$, $V(-1)$ は

[†]線形代数学では，$\langle \boldsymbol{x}_1, \boldsymbol{x}_2, \cdots, \boldsymbol{x}_s \rangle$ のことを $\boldsymbol{x}_1, \boldsymbol{x}_2, \cdots, \boldsymbol{x}_s$ で張られた線形空間という．また，$\dim V(\lambda)$ は $V(\lambda)$ の 1 次独立なベクトルの最大個数である．

(i) $(3I-A)\boldsymbol{x}=\boldsymbol{0}$ を解くと $\boldsymbol{x}=c_1\begin{pmatrix}1\\1\end{pmatrix}$ だから $V(3)=\left\langle\begin{pmatrix}1\\1\end{pmatrix}\right\rangle$

(ii) $(-I-A)\boldsymbol{x}=\boldsymbol{0}$ を解くと $\boldsymbol{x}=c_2\begin{pmatrix}1\\-1\end{pmatrix}$ だから $V(-1)=\left\langle\begin{pmatrix}1\\-1\end{pmatrix}\right\rangle$ ■

問 3.1　次の行列 A の固有値とその固有空間を求めよ．

(1) $A=\begin{pmatrix}1&2\\2&-2\end{pmatrix}$　(2) $A=\begin{pmatrix}1&1\\-1&3\end{pmatrix}$　(3) $A=\begin{pmatrix}-1&1\\-5&3\end{pmatrix}$

定理 3.2　実行列 A の固有値 λ が実数であるときは，固有値 λ に対する固有ベクトルを実ベクトルから選択可能である．

証明　$A\boldsymbol{p}=\lambda\boldsymbol{p}$, $\boldsymbol{p}=\boldsymbol{a}+i\boldsymbol{b}\neq\boldsymbol{0}$（$\boldsymbol{a},\boldsymbol{b}$ は実ベクトル）とすると

$$A\boldsymbol{a}+iA\boldsymbol{b}=A(\boldsymbol{a}+i\boldsymbol{b})=\lambda(\boldsymbol{a}+i\boldsymbol{b})=\lambda\boldsymbol{a}+i\lambda\boldsymbol{b}$$

だから $A\boldsymbol{a}=\lambda\boldsymbol{a}$, $A\boldsymbol{b}=\lambda\boldsymbol{b}$ が成り立つ．一方，$\boldsymbol{a}\neq\boldsymbol{0}$ または $\boldsymbol{b}\neq\boldsymbol{0}$ より $\boldsymbol{a}$ または $\boldsymbol{b}$ は λ に対する固有ベクトルとなる． ■

注意　実行列 A の固有値 λ が実数であるときは，固有値 λ に対する固有ベクトルを実ベクトルから選ぶことにする．

♦ 実2次行列の実標準形 ♦

A を実2次行列とする．A の1つの固有値が虚数 $\lambda=\alpha+i\beta$ $(\beta\neq0)$ のとき

$$A\boldsymbol{p}=\lambda\boldsymbol{p},\quad \boldsymbol{p}\neq\boldsymbol{0}$$

に対して，複素共役をとると

$$A\overline{\boldsymbol{p}}=\overline{A\boldsymbol{p}}=\overline{\lambda\boldsymbol{p}}=\overline{\lambda}\,\overline{\boldsymbol{p}},\quad \overline{\boldsymbol{p}}\neq\boldsymbol{0}$$

が成り立つ．すなわち，$\overline{\lambda}=\alpha-i\beta$ も A の固有値であり，$\overline{\boldsymbol{p}}$ は対応する $\overline{\lambda}$ の固有ベクトルとなる．

ここで，$\boldsymbol{p}$ を実部と虚部に分けて

$$\boldsymbol{p}=\mathrm{Re}\,\boldsymbol{p}+i\,\mathrm{Im}\,\boldsymbol{p}=\boldsymbol{a}+i\boldsymbol{b}\quad(\boldsymbol{a},\boldsymbol{b}\in\boldsymbol{R}^2)$$

とし，$P = (\mathrm{Re}\,\boldsymbol{p} \quad \mathrm{Im}\,\boldsymbol{p}) = (\boldsymbol{a} \quad \boldsymbol{b})$ とおくと，$\lambda\boldsymbol{p} = (\alpha\boldsymbol{a} - \beta\boldsymbol{b}) + i(\beta\boldsymbol{a} + \alpha\boldsymbol{b})$ より

$$\begin{aligned} AP &= A(\mathrm{Re}\,\boldsymbol{p} \quad \mathrm{Im}\,\boldsymbol{p}) = (\mathrm{Re}\,A\boldsymbol{p} \quad \mathrm{Im}\,A\boldsymbol{p}) \\ &= (\mathrm{Re}\,\lambda\boldsymbol{p} \quad \mathrm{Im}\,\lambda\boldsymbol{p}) = (\alpha\boldsymbol{a} - \beta\boldsymbol{b} \quad \beta\boldsymbol{a} + \alpha\boldsymbol{b}) \\ &= (\boldsymbol{a} \quad \boldsymbol{b})\begin{pmatrix} \alpha & \beta \\ -\beta & \alpha \end{pmatrix} = P\begin{pmatrix} \alpha & \beta \\ -\beta & \alpha \end{pmatrix} \end{aligned}$$

を得る．一方，$\boldsymbol{p}$ と $\overline{\boldsymbol{p}}$ は 1 次独立だから $\boldsymbol{a} = \dfrac{1}{2}(\boldsymbol{p} + \overline{\boldsymbol{p}})$ と $\boldsymbol{b} = \dfrac{1}{2i}(\boldsymbol{p} - \overline{\boldsymbol{p}})$ も 1 次独立となり，実行列 P は正則となる．よって

$$P = (\boldsymbol{a} \quad \boldsymbol{b}) \text{ に対して } \quad P^{-1}AP = \begin{pmatrix} \alpha & \beta \\ -\beta & \alpha \end{pmatrix} \tag{3.2}$$

が成り立つ．これを A の**実標準形**（以下では，単に**標準形**）といい，この P を**変換行列**という．

注意　実行列 $Q = (\boldsymbol{a} \quad -\boldsymbol{b})$ とすると，$Q^{-1}AQ = \begin{pmatrix} \alpha & -\beta \\ \beta & \alpha \end{pmatrix}$ が成り立つ．

実行列 A の固有値が実数の場合には，適当な実正則行列 P を用いて対角化または（ジョルダン）標準化できて，実行列 $P^{-1}AP$ を対角行列またはジョルダン行列に変形することができる．

定　理 3.3　実 2 次行列 A の固有値を λ_1, λ_2 とするとき，A の標準形 $P^{-1}AP$ は次で与えられる．ただし，α, β は実数である．

(1)　λ_1, λ_2 が実数で (a) または (b) のとき
　(a) $\lambda_1 \neq \lambda_2$
　(b) $\lambda_1 = \lambda_2 = \alpha$ かつ $\dim V(\alpha) = 2$
$$P^{-1}AP = \begin{pmatrix} \lambda_1 & 0 \\ 0 & \lambda_2 \end{pmatrix}$$

(2)　$\lambda_1 = \lambda_2 = \alpha$ かつ $\dim V(\alpha) = 1$ のとき　$P^{-1}AP = \begin{pmatrix} \alpha & 1 \\ 0 & \alpha \end{pmatrix}$

(3)　$\lambda_1 = \alpha + i\beta,\ \lambda_2 = \alpha - i\beta\ (\beta \neq 0)$ のとき　$P^{-1}AP = \begin{pmatrix} \alpha & \beta \\ -\beta & \alpha \end{pmatrix}$

証明　(3) はすでに示したので，(1) と (2) を示す．

(1a) $\lambda_1 \neq \lambda_2$ の場合：$V(\lambda_1) = \langle \boldsymbol{p} \rangle$, $V(\lambda_2) = \langle \boldsymbol{q} \rangle$ であるとき

$$P = \begin{pmatrix} \boldsymbol{p} & \boldsymbol{q} \end{pmatrix} \text{ とおくと,} \quad P^{-1}AP = \begin{pmatrix} \lambda_1 & 0 \\ 0 & \lambda_2 \end{pmatrix} \tag{3.3}$$

実際，P は正則で，$A\boldsymbol{p} = \lambda_1 \boldsymbol{p}$, $A\boldsymbol{q} = \lambda_2 \boldsymbol{q}$ より

$$\begin{aligned} AP &= A\begin{pmatrix} \boldsymbol{p} & \boldsymbol{q} \end{pmatrix} = \begin{pmatrix} A\boldsymbol{p} & A\boldsymbol{q} \end{pmatrix} = \begin{pmatrix} \lambda_1 \boldsymbol{p} & \lambda_2 \boldsymbol{q} \end{pmatrix} \\ &= \begin{pmatrix} \boldsymbol{p} & \boldsymbol{q} \end{pmatrix} \begin{pmatrix} \lambda_1 & 0 \\ 0 & \lambda_2 \end{pmatrix} = P \begin{pmatrix} \lambda_1 & 0 \\ 0 & \lambda_2 \end{pmatrix} \end{aligned}$$

を得る．（なお，相異なる固有値に対する固有ベクトルは1次独立である．）

(1b) $\lambda_1 = \lambda_2 = \alpha$ かつ $\dim V(\alpha) = 2$ の場合：$V(\alpha) = \boldsymbol{R}^2 = \langle \boldsymbol{e}_1, \boldsymbol{e}_2 \rangle$ より

$$P = I = \begin{pmatrix} \boldsymbol{e}_1 & \boldsymbol{e}_2 \end{pmatrix} \text{ とおくと,} \quad P^{-1}AP = \begin{pmatrix} \alpha & 0 \\ 0 & \alpha \end{pmatrix} \tag{3.4}$$

実際，$A\boldsymbol{e}_1 = \alpha \boldsymbol{e}_1$, $A\boldsymbol{e}_2 = \alpha \boldsymbol{e}_2$ より (1a) と同様の議論をすればよい．

(2) $\lambda_1 = \lambda_2 = \alpha$ かつ $\dim V(\alpha) = 1$ の場合：$V(\alpha) = \langle \boldsymbol{p} \rangle$ であるとき，$(\alpha I - A)\boldsymbol{x} = -\boldsymbol{p}$ を満たす解 $\boldsymbol{x} = \boldsymbol{p}'$ を1つとり

$$P = \begin{pmatrix} \boldsymbol{p} & \boldsymbol{p}' \end{pmatrix} \text{ とおくと,} \quad P^{-1}AP = \begin{pmatrix} \alpha & 1 \\ 0 & \alpha \end{pmatrix} \tag{3.5}$$

実際，P は正則で，$A\boldsymbol{p} = \alpha \boldsymbol{p}$ と $(\alpha I - A)\boldsymbol{p}' = -\boldsymbol{p}$ すなわち $A\boldsymbol{p}' = \boldsymbol{p} + \alpha \boldsymbol{p}'$ より

$$\begin{aligned} AP &= A\begin{pmatrix} \boldsymbol{p} & \boldsymbol{p}' \end{pmatrix} = \begin{pmatrix} A\boldsymbol{p} & A\boldsymbol{p}' \end{pmatrix} = \begin{pmatrix} \alpha \boldsymbol{p} & \boldsymbol{p} + \alpha \boldsymbol{p}' \end{pmatrix} \\ &= \begin{pmatrix} \boldsymbol{p} & \boldsymbol{p}' \end{pmatrix} \begin{pmatrix} \alpha & 1 \\ 0 & \alpha \end{pmatrix} = P \begin{pmatrix} \alpha & 1 \\ 0 & \alpha \end{pmatrix} \end{aligned}$$

を得る． ■

例 3.2　(1) $A = \begin{pmatrix} 1 & 2 \\ 2 & 1 \end{pmatrix}$ を標準化してみよう．

解　A は固有値 $\lambda = 3, -1$ を持ち，$V(3) = \langle \begin{pmatrix} 1 \\ 1 \end{pmatrix} \rangle$, $V(-1) = \langle \begin{pmatrix} 1 \\ -1 \end{pmatrix} \rangle$ だから $P = \begin{pmatrix} 1 & -1 \\ 1 & 1 \end{pmatrix}$ とおくと，$P^{-1}AP = \begin{pmatrix} 3 & 0 \\ 0 & -1 \end{pmatrix}$ となる． ■

(2) $A = \begin{pmatrix} 3 & 1 \\ -1 & 1 \end{pmatrix}$ を標準化してみよう．

解　A は固有値 $\lambda = 2$（重複度 2）を持ち

$$V(2) = \langle \begin{pmatrix} 1 \\ -1 \end{pmatrix} \rangle \text{ かつ } (2I - A)\begin{pmatrix} 1 \\ 0 \end{pmatrix} = -\begin{pmatrix} 1 \\ -1 \end{pmatrix}$$

だから $P = \begin{pmatrix} 1 & 1 \\ -1 & 0 \end{pmatrix}$ とおくと，$P^{-1}AP = \begin{pmatrix} 2 & 1 \\ 0 & 2 \end{pmatrix}$ となる．■

(3) $A = \begin{pmatrix} 1 & 5 \\ -1 & -3 \end{pmatrix}$ を標準化してみよう．

解　A は固有値 $\lambda = -1 \pm i$ $(\alpha = -1, \beta = 1)$ を持ち

$$V(-1+i) = \langle \begin{pmatrix} 2+i \\ -1 \end{pmatrix} \rangle$$

だから $P = \begin{pmatrix} 2 & 1 \\ -1 & 0 \end{pmatrix}$ とおくと，$P^{-1}AP = \begin{pmatrix} -1 & 1 \\ -1 & -1 \end{pmatrix}$ となる．■

問 3.2　次の行列 A の標準形とその変換行列 P を求めよ．

(1) $A = \begin{pmatrix} 2 & 1 \\ 1 & 2 \end{pmatrix}$　(2) $A = \begin{pmatrix} 1 & 1 \\ -1 & 3 \end{pmatrix}$　(3) $A = \begin{pmatrix} 1 & -2 \\ 1 & -1 \end{pmatrix}$

(4) $A = \begin{pmatrix} 1 & 1 \\ 1 & 1 \end{pmatrix}$　(5) $A = \begin{pmatrix} -2 & -1 \\ 1 & -4 \end{pmatrix}$　(6) $A = \begin{pmatrix} 1 & -5 \\ 1 & -3 \end{pmatrix}$

定 理 3.4　2 次行列 A に対して，次が成り立つ．ただし，α, β は実数とする．

(1) $P^{-1}AP = \begin{pmatrix} \lambda_1 & 0 \\ 0 & \lambda_2 \end{pmatrix}$ のとき　$e^{tP^{-1}AP} = \begin{pmatrix} e^{\lambda_1 t} & 0 \\ 0 & e^{\lambda_2 t} \end{pmatrix}$

(2) $P^{-1}AP = \begin{pmatrix} \alpha & 1 \\ 0 & \alpha \end{pmatrix}$ のとき　$e^{tP^{-1}AP} = e^{\alpha t}\begin{pmatrix} 1 & t \\ 0 & 1 \end{pmatrix}$

(3) $P^{-1}AP = \begin{pmatrix} \alpha & \beta \\ -\beta & \alpha \end{pmatrix}$ のとき　$e^{tP^{-1}AP} = e^{\alpha t}\begin{pmatrix} \cos\beta t & \sin\beta t \\ -\sin\beta t & \cos\beta t \end{pmatrix}$

証明　(1) $(P^{-1}AP)^n = \begin{pmatrix} \lambda_1^n & 0 \\ 0 & \lambda_2^n \end{pmatrix}$ だから

$$e^{tP^{-1}AP} = \sum_{n=0}^{\infty} \frac{t^n}{n!}(P^{-1}AP)^n = \begin{pmatrix} \sum_{n=0}^{\infty} \frac{(\lambda_1 t)^n}{n!} & 0 \\ 0 & \sum_{n=0}^{\infty} \frac{(\lambda_2 t)^n}{n!} \end{pmatrix} = \begin{pmatrix} e^{\lambda_1 t} & 0 \\ 0 & e^{\lambda_2 t} \end{pmatrix}$$

である．

(2) $P^{-1}AP = \alpha I + D$, $D = \begin{pmatrix} 0 & 1 \\ 0 & 0 \end{pmatrix}$ と書ける．$ID = DI = D$ より

$$e^{tP^{-1}AP} = e^{t(\alpha I + D)} = e^{\alpha t} e^{tD}$$

一方，$D^2 = O$ より $e^{tD} = \sum_{n=0}^{\infty} \frac{t^n}{n!} D^n = I + tD = \begin{pmatrix} 1 & t \\ 0 & 1 \end{pmatrix}$ である．

(3) $P^{-1}AP = \alpha I + \beta J$, $J = \begin{pmatrix} 0 & 1 \\ -1 & 0 \end{pmatrix}$ と書ける．$IJ = JI = J$ より

$$e^{tP^{-1}AP} = e^{t(\alpha I + \beta J)} = e^{\alpha t} e^{\beta t J}$$

一方，$J^2 = \begin{pmatrix} -1 & 0 \\ 0 & -1 \end{pmatrix} = -I$ より $J^{2n} = (-1)^n I$ かつ $J^{2n+1} = (-1)^n J$ だから

$$\begin{aligned} e^{\beta t J} &= \sum_{n=0}^{\infty} \frac{(\beta t)^n}{n!} J^n = \sum_{n=0}^{\infty} \frac{(\beta t)^{2n}}{(2n)!} J^{2n} + \sum_{n=0}^{\infty} \frac{(\beta t)^{2n+1}}{(2n+1)!} J^{2n+1} \\ &= \sum_{n=0}^{\infty} \frac{(-1)^n (\beta t)^{2n}}{(2n)!} I + \sum_{n=0}^{\infty} \frac{(-1)^n (\beta t)^{2n+1}}{(2n+1)!} J \\ &= \cos \beta t I + \sin \beta t J = \begin{pmatrix} \cos \beta t & \sin \beta t \\ -\sin \beta t & \cos \beta t \end{pmatrix} \end{aligned}$$

である． ■

問 3.3　次の行列 A の標準形の指数関数 $e^{tP^{-1}AP}$ とその変換行列 P を求めよ．

(1) $A = \begin{pmatrix} 2 & 1 \\ 1 & 2 \end{pmatrix}$　(2) $A = \begin{pmatrix} 1 & 1 \\ -1 & 3 \end{pmatrix}$　(3) $A = \begin{pmatrix} 1 & -2 \\ 1 & -1 \end{pmatrix}$

(4) $A = \begin{pmatrix} 1 & 1 \\ 1 & 1 \end{pmatrix}$　(5) $A = \begin{pmatrix} -2 & -1 \\ 1 & -4 \end{pmatrix}$　(6) $A = \begin{pmatrix} 1 & -5 \\ 1 & -3 \end{pmatrix}$

◆ **斉次方程式の一般解** ◆

一般に，行列 A の標準形 $P^{-1}AP$ が分かっているとき $\boldsymbol{x}'=A\boldsymbol{x}$ の一般解は，(3.1) より $\boldsymbol{x}=e^{tA}\boldsymbol{c}=Pe^{tP^{-1}AP}P^{-1}\boldsymbol{c}$（$\boldsymbol{c}$ は定ベクトル）で与えられるが，$\widetilde{\boldsymbol{c}}=P^{-1}\boldsymbol{c}$ とおき，任意定ベクトルを取り換えて

$$\boldsymbol{x}=Pe^{tP^{-1}AP}\widetilde{\boldsymbol{c}}$$

としても，$\boldsymbol{x}'=A\boldsymbol{x}$ の一般解を与えることができる．このような形で一般解を与えておけば変換行列 P の逆行列 P^{-1} の計算を省くことができる．

定 理 3.5　微分方程式 $\boldsymbol{x}'=A\boldsymbol{x}$ の一般解は次の (a) または (b) で与えられる．

$$\text{(a)}\quad \boldsymbol{x}=e^{tA}\boldsymbol{c}=Pe^{tP^{-1}AP}P^{-1}\boldsymbol{c}\qquad \text{(b)}\quad \boldsymbol{x}=Pe^{tP^{-1}AP}\boldsymbol{c}$$

ただし，P は A の標準形 $P^{-1}AP$ のための変換行列であり，$\boldsymbol{c}$ は任意定ベクトルである．

一般に，$\boldsymbol{x}'=A\boldsymbol{x}$ の一般解は $\boldsymbol{x}=U(t)\boldsymbol{c}$ の形で与えられる．この行列 $U(t)$ を $\boldsymbol{x}'=A\boldsymbol{x}$ の[†] **基本解行列**という．e^{tA} や $Pe^{tP^{-1}AP}$ は $\boldsymbol{x}'=A\boldsymbol{x}$ の基本解行列である．

例 3.3　$\begin{cases} x'=x+2y \\ y'=2x+y \end{cases}$　の一般解を求めてみよう．

解　例 3.2(1) より $A=\begin{pmatrix}1 & 2\\ 2 & 1\end{pmatrix}$ に対して $P=\begin{pmatrix}1 & 1\\ 1 & -1\end{pmatrix}$ とおくと

$$P^{-1}AP=\begin{pmatrix}3 & 0\\ 0 & -1\end{pmatrix},\ e^{tP^{-1}AP}=\begin{pmatrix}e^{3t} & 0\\ 0 & e^{-t}\end{pmatrix},\ P^{-1}=\frac{1}{2}\begin{pmatrix}1 & 1\\ 1 & -1\end{pmatrix}$$

従って

$$e^{tA}=Pe^{tP^{-1}AP}P^{-1}=\begin{pmatrix}e^{3t} & e^{-t}\\ e^{3t} & -e^{-t}\end{pmatrix}P^{-1}=\frac{1}{2}\begin{pmatrix}e^{3t}+e^{-t} & e^{3t}-e^{-t}\\ e^{3t}-e^{-t} & e^{3t}+e^{-t}\end{pmatrix}$$

[†] $U(t)$, $\widetilde{U}(t)$ を基本解行列とすると，$\widetilde{U}(t)=U(t)Q$ を満たす正則行列 Q が存在する．

よって，一般解は $\begin{pmatrix} x \\ y \end{pmatrix} = e^{tA} \begin{pmatrix} 2c_1 \\ 2c_2 \end{pmatrix}$ すなわち

$$\begin{cases} x = (c_1 + c_2)e^{3t} + (c_1 - c_2)e^{-t} \\ y = (c_1 + c_2)e^{3t} - (c_1 - c_2)e^{-t} \end{cases}$$

または $\begin{pmatrix} x \\ y \end{pmatrix} = Pe^{tP^{-1}AP} \begin{pmatrix} c_3 \\ c_4 \end{pmatrix}$ すなわち $\begin{cases} x = c_3e^{3t} + c_4e^{-t} \\ y = c_3e^{3t} - c_4e^{-t} \end{cases}$

（c_1, c_2, c_3, c_4 は任意定数）で与えられる．■

例 3.4 $\begin{cases} x' = 3x + y \\ y' = -x + y \end{cases}$ の一般解を求めてみよう．

解 例 3.2(2) より $A = \begin{pmatrix} 3 & 1 \\ -1 & 1 \end{pmatrix}$ に対して $P = \begin{pmatrix} 1 & 1 \\ -1 & 0 \end{pmatrix}$ とおくと

$$P^{-1}AP = \begin{pmatrix} 2 & 1 \\ 0 & 2 \end{pmatrix},\ e^{tP^{-1}AP} = e^{2t} \begin{pmatrix} 1 & t \\ 0 & 1 \end{pmatrix},\ P^{-1} = \begin{pmatrix} 0 & -1 \\ 1 & 1 \end{pmatrix}$$

従って

$$e^{tA} = Pe^{tP^{-1}AP}P^{-1} = e^{2t} \begin{pmatrix} 1 & 1+t \\ -1 & -t \end{pmatrix} P^{-1} = e^{2t} \begin{pmatrix} 1+t & t \\ -t & 1-t \end{pmatrix}$$

よって，一般解は $\begin{pmatrix} x \\ y \end{pmatrix} = e^{tA} \begin{pmatrix} c_1 \\ c_2 \end{pmatrix}$ すなわち

$$\begin{cases} x = e^{2t}(c_1 + (c_1 + c_2)t) \\ y = e^{2t}(c_2 - (c_1 + c_2)t) \end{cases}$$

または $\begin{pmatrix} x \\ y \end{pmatrix} = Pe^{tP^{-1}AP} \begin{pmatrix} c_3 \\ c_4 \end{pmatrix}$ すなわち $\begin{cases} x = e^{2t}(c_3 + c_4 + c_4t) \\ y = e^{2t}(-c_3 - c_4t) \end{cases}$

（c_1, c_2, c_3, c_4 は任意定数）で与えられる．■

例 3.5　$\begin{cases} x' = x + 5y \\ y' = -x - 3y \end{cases}$ の一般解を求めてみよう.

解　例 3.2(3) より $A = \begin{pmatrix} 1 & 5 \\ -1 & -3 \end{pmatrix}$ に対して $P = \begin{pmatrix} 2 & 1 \\ -1 & 0 \end{pmatrix}$ とおくと

$$P^{-1}AP = \begin{pmatrix} -1 & 1 \\ -1 & -1 \end{pmatrix},\ e^{tP^{-1}AP} = e^{-t}\begin{pmatrix} \cos t & \sin t \\ -\sin t & \cos t \end{pmatrix},\ P^{-1} = \begin{pmatrix} 0 & -1 \\ 1 & 2 \end{pmatrix}$$

従って

$$\begin{aligned} e^{tA} = Pe^{tP^{-1}AP}P^{-1} &= e^{-t}\begin{pmatrix} 2\cos t - \sin t & \cos t + 2\sin t \\ -\cos t & -\sin t \end{pmatrix} P^{-1} \\ &= e^{-t}\begin{pmatrix} \cos t + 2\sin t & 5\sin t \\ -\sin t & \cos t - 2\sin t \end{pmatrix} \end{aligned}$$

よって，一般解は $\begin{pmatrix} x \\ y \end{pmatrix} = e^{tA}\begin{pmatrix} c_1 \\ c_2 \end{pmatrix}$ すなわち

$$\begin{cases} x = e^{-t}(c_1\cos t + (2c_1 + 5c_2)\sin t) \\ y = e^{-t}(c_2\cos t - (c_1 + 2c_2)\sin t) \end{cases}$$

または $\begin{pmatrix} x \\ y \end{pmatrix} = Pe^{tP^{-1}AP}\begin{pmatrix} c_3 \\ c_4 \end{pmatrix}$ すなわち

$$\begin{cases} x = e^{-t}((2c_3 + c_4)\cos t - (c_3 - 2c_4)\sin t) \\ y = e^{-t}(-c_3\cos t - c_4\sin t) \end{cases}$$

（c_1, c_2, c_3, c_4 は任意定数）で与えられる.　■

問 3.4　次の連立微分方程式の一般解を求めよ.

(1) $\begin{cases} x' = x + 2y \\ y' = 2x - 2y \end{cases}$　(2) $\begin{cases} x' = x + y \\ y' = -x + 3y \end{cases}$　(3) $\begin{cases} x' = -x + y \\ y' = -5x + 3y \end{cases}$

3.3 線形微分方程式と射影行列

◆ 行列の射影 ◆

$\boldsymbol{x}' = A\boldsymbol{x}$ の一般解あるいは基本解行列を求めるには，係数行列 A の標準形 $P^{-1}AP$ とその変換行列 P を求める必要がある．しかし，行列 A の型が大きくなれば（すなわち，連立する微分方程式の個数が多くなれば）そのための計算量が激増する．そこで，$\boldsymbol{x}' = A\boldsymbol{x}$ の解法として行列の射影の考えを用いた別の方法がしばしば用いられる．これは代数的操作だけによる方法であり，計算面だけ見ると比較的やさしい．なお，「$P^2 = P$」を満たす行列 P を**射影行列**または**射影**であるという．

◆ 係数行列が2次行列の場合 ◆

2次行列 A の固有多項式が

$$F_A(\lambda) = |\lambda I - A| = (\lambda - \lambda_1)(\lambda - \lambda_2) \quad (\lambda_1 \neq \lambda_2)$$

と因数分解されているする．このとき

$$\frac{1}{F_A(\lambda)} = \frac{1}{(\lambda - \lambda_1)(\lambda - \lambda_2)} = \frac{1}{\lambda_1 - \lambda_2}\left(\frac{1}{\lambda - \lambda_1} - \frac{1}{\lambda - \lambda_2}\right)$$

だから両辺に $F_A(\lambda)$ を掛けると

$$1 = \frac{F_A(\lambda)}{\lambda_1 - \lambda_2}\left(\frac{1}{\lambda - \lambda_1} - \frac{1}{\lambda - \lambda_2}\right) = \frac{\lambda - \lambda_2}{\lambda_1 - \lambda_2} + \frac{\lambda - \lambda_1}{\lambda_2 - \lambda_1}$$

を得る．これは λ の恒等式だから，行列 A に対しても

$$I = \frac{A - \lambda_2 I}{\lambda_1 - \lambda_2} + \frac{A - \lambda_1 I}{\lambda_2 - \lambda_1}$$

が成り立つ．この式の右辺の各項を

$$P_1 = \frac{A - \lambda_2 I}{\lambda_1 - \lambda_2}, \qquad P_2 = \frac{A - \lambda_1 I}{\lambda_2 - \lambda_1}$$

とおくと，行列 P_j $(j = 1, 2)$ は**射影**となる．

定 理 3.6 行列 P_1, P_2 は次の性質を持つ.

(1) $P_1+P_2=I$ (2) $P_1P_2=P_2P_1=O$ (3) $P_1^2=P_1$, $P_2^2=P_2$

証明 (1) P_1, P_2 の定義から分かる.

(2) ケーリー・ハミルトン (Cayly-Hamilton) の定理† より $F_A(A)=O$ だから

$$P_1P_2=\frac{A-\lambda_2 I}{\lambda_1-\lambda_2}\frac{A-\lambda_1 I}{\lambda_2-\lambda_1}=\frac{-1}{(\lambda_1-\lambda_2)^2}F_A(A)=O$$

同様にして $P_2P_1=O$ も分かる.

(3) $P_1+P_2=I$ の両辺に P_1 を掛けると $P_1^2+P_1P_2=P_1$ となり, $P_1P_2=O$ より $P_1^2=P_1$ を得る. 同様にして $P_2^2=P_2$ も分かる. ■

定 理 3.7 行列 P_1, P_2 は次の性質を持つ.

(1) $(A-\lambda_1 I)P_1=O$ かつ $(A-\lambda_2 I)P_2=O$

(2) $e^{t(A-\lambda_1 I)}P_1=P_1$ かつ $e^{t(A-\lambda_2 I)}P_2=P_2$

証明 (1) ケーリー・ハミルトンの定理より $F_A(A)=O$ だから

$$(A-\lambda_1 I)P_1=(A-\lambda_1 I)\frac{A-\lambda_2 I}{\lambda_1-\lambda_2}=\frac{1}{\lambda_1-\lambda_2}F_A(A)=O$$

同様にして $(A-\lambda_2 I)P_2=O$ も分かる.

(2) $(A-\lambda_1 I)^k P_1=(A-\lambda_1 I)^{k-1}(A-\lambda_1 I)P_1=O$ $(k\geqq 1)$ より

$$e^{t(A-\lambda_1 I)}P_1=\left(I+t(A-\lambda_1 I)+\frac{t^2}{2!}(A-\lambda_1 I)^2+\cdots\right)P_1=P_1$$

同様にして $e^{t(A-\lambda_2 I)}P_2=P_2$ も分かる. ■

問 3.5 $(A-\lambda_2 I)P_2=O$ と $e^{t(A-\lambda_2 I)}P_2=P_2$ を示せ.

---

† $A=\begin{pmatrix} a & b \\ c & d \end{pmatrix}$ のとき, $\mathrm{tr}\,A=a+d$, $|A|=ad-bc$ である. 一方, $F_A(\lambda)=(\lambda-\lambda_1)(\lambda-\lambda_2)=\lambda^2-(\lambda_1+\lambda_2)\lambda+\lambda_1\lambda_2$ だから $F_A(A)=A^2-(\lambda_1+\lambda_2)A+\lambda_1\lambda_2 I=A^2-(\mathrm{tr}\,A)A+|A|I=A^2-(a+d)A+(ad-bc)I=O$ となる.

定 理 3.8　2次行列 A の固有値 λ_1, λ_2 $(F_A(\lambda) = (\lambda - \lambda_1)(\lambda - \lambda_2))$ に対して

$$P_1 = \frac{A - \lambda_2 I}{\lambda_1 - \lambda_2}, \qquad P_2 = \frac{A - \lambda_1 I}{\lambda_2 - \lambda_1}$$

とする．このとき，行列の指数関数 e^{tA} は次で与えられる．

(1) $\lambda_1 \neq \lambda_2$ のとき　$e^{tA} = e^{\lambda_1 t} P_1 + e^{\lambda_2 t} P_2$

(2) $\lambda_1 = \lambda_2 = \alpha$ のとき　$e^{tA} = e^{\alpha t}(I + t(A - \alpha I))$

(3) $\lambda_1 = \alpha + i\beta$ $(\beta \neq 0)$,
　$\lambda_2 = \alpha - i\beta$ のとき　$e^{tA} = e^{\alpha t}\left(\cos\beta t\, I + \dfrac{\sin\beta t}{\beta}(A - \alpha I)\right)$

注意　(i)　$\lambda_1 = \lambda_2 = \alpha$ かつ $A - \alpha I = O$ のときは $e^{tA} = e^{\alpha t} I$ となる．
(ii)　(3) の場合は $e^{tA} = 2\,\mathrm{Re}\left(e^{\lambda_1 t} P_1\right)$ である．

証明　(1) 定理 3.6 と定理 3.7 より

$$\begin{aligned}
e^{tA} &= e^{tA} I = e^{tA}(P_1 + P_2) \\
&= e^{t(A - \lambda_1 I + \lambda_1 I)} P_1 + e^{t(A - \lambda_2 I + \lambda_2 I)} P_2 \\
&= e^{\lambda_1 t} e^{t(A - \lambda_1 I)} P_1 + e^{\lambda_2 t} e^{t(A - \lambda_2 I)} P_2 \\
&= e^{\lambda_1 t} P_1 + e^{\lambda_2 t} P_2
\end{aligned}$$

(2) $F_A(\lambda) = (\lambda - \alpha)^2$ だからケーリー・ハミルトンの定理より $(A - \alpha I)^2 = O$ である．従って

$$\begin{aligned}
e^{tA} &= e^{t(A - \alpha I + \alpha I)} = e^{\alpha t} e^{t(A - \alpha I)} \\
&= e^{\alpha t}\left(I + t(A - \alpha I) + \frac{t^2}{2!}(A - \alpha I)^2 + \frac{t^3}{3!}(A - \alpha I)^3 + \cdots\right) \\
&= e^{\alpha t}(I + t(A - \alpha I))
\end{aligned}$$

(3) $\lambda_1 = \alpha + i\beta$, $\lambda_2 = \alpha - i\beta$ より

$$P_1 = \frac{A - \lambda_2 I}{\lambda_1 - \lambda_2} = \frac{1}{2i\beta}(A - (\alpha - i\beta)I) = \frac{1}{2}\left(I - i\frac{1}{\beta}(A - \alpha I)\right)$$

また，$\overline{\lambda_1} = \lambda_2$, $\overline{\lambda_2} = \lambda_1$ より

$$P_2 = \frac{A-\lambda_1 I}{\lambda_2-\lambda_1} = \overline{\left(\frac{A-\lambda_2 I}{\lambda_1-\lambda_2}\right)} = \overline{P_1}$$

だから (1) とオイラーの公式 ($e^{i\theta} = \cos\theta + i\sin\theta$) より

$$\begin{aligned}
e^{tA} &= e^{\lambda_1 t}P_1 + e^{\lambda_2 t}P_2 = e^{\lambda_1 t}P_1 + \overline{e^{\lambda_1 t}P_1} \\
&= 2\,\mathrm{Re}\left(e^{\lambda_1 t}P_1\right) = e^{\alpha t}\,\mathrm{Re}\left(e^{i\beta t}\cdot 2P_1\right) \\
&= e^{\alpha t}\,\mathrm{Re}\left((\cos\beta t + i\sin\beta t)\left(I - i\frac{1}{\beta}(A-\alpha I)\right)\right) \\
&= e^{\alpha t}\left(\cos\beta t\, I + \frac{\sin\beta t}{\beta}(A-\alpha I)\right)
\end{aligned}$$

を得る．■

例 3.6 $\begin{cases} x' = x + 2y \\ y' = 2x + y \end{cases}$ の一般解を求めてみよう．

解 例 3.2(1) より $A = \begin{pmatrix} 1 & 2 \\ 2 & 1 \end{pmatrix}$ の固有値は $\lambda_1 = 3,\ \lambda_2 = -1$ だから

$$P_1 = \frac{A-\lambda_2 I}{\lambda_1-\lambda_2} = \frac{1}{2}\begin{pmatrix} 1 & 1 \\ 1 & 1 \end{pmatrix}, \quad P_2 = \frac{A-\lambda_1 I}{\lambda_2-\lambda_1} = \frac{1}{2}\begin{pmatrix} 1 & -1 \\ -1 & 1 \end{pmatrix}$$

とおくと，定理 3.8(1) より

$$\begin{aligned}
e^{tA} &= e^{\lambda_1 t}P_1 + e^{\lambda_2 t}P_2 = e^{3t}P_1 + e^{-t}P_2 \\
&= \frac{1}{2}e^{3t}\begin{pmatrix} 1 & 1 \\ 1 & 1 \end{pmatrix} + \frac{1}{2}e^{-t}\begin{pmatrix} 1 & -1 \\ -1 & 1 \end{pmatrix} = \frac{1}{2}\begin{pmatrix} e^{3t}+e^{-t} & e^{3t}-e^{-t} \\ e^{3t}-e^{-t} & e^{3t}+e^{-t} \end{pmatrix}
\end{aligned}$$

よって，一般解は $\begin{pmatrix} x \\ y \end{pmatrix} = e^{tA}\begin{pmatrix} 2c_1 \\ 2c_2 \end{pmatrix}$（例 3.3 参照）すなわち

$$\begin{cases} x = (c_1+c_2)e^{3t} + (c_1-c_2)e^{-t} \\ y = (c_1+c_2)e^{3t} - (c_1-c_2)e^{-t} \end{cases}$$

（c_1, c_2 は任意定数）で与えられる．■

例 3.7 $\begin{cases} x' = 3x + y \\ y' = -x + y \end{cases}$ の一般解を求めてみよう．

解 例 3.2(2) より $A = \begin{pmatrix} 3 & 1 \\ -1 & 1 \end{pmatrix}$ の固有値は $\alpha = 2$（重複度 2）だから定理 3.8(2) より

$$\begin{aligned} e^{tA} &= e^{\alpha t}(I + t(A - \alpha I)) = e^{2t}(I + t(A - 2I)) \\ &= e^{2t}\begin{pmatrix} 1 & 0 \\ 0 & 1 \end{pmatrix} + e^{2t}t\begin{pmatrix} 1 & 1 \\ -1 & -1 \end{pmatrix} = e^{2t}\begin{pmatrix} 1+t & t \\ -t & 1-t \end{pmatrix} \end{aligned}$$

よって，一般解は $\begin{pmatrix} x \\ y \end{pmatrix} = e^{tA}\begin{pmatrix} c_1 \\ c_2 \end{pmatrix}$（例 3.4 参照）すなわち

$$\begin{cases} x = e^{2t}(c_1 + (c_1 + c_2)t) \\ y = e^{2t}(c_2 - (c_1 + c_2)t) \end{cases}$$

（c_1, c_2 は任意定数）で与えられる． ■

例 3.8 $\begin{cases} x' = x + 5y \\ y' = -x - 3y \end{cases}$ の一般解を求めてみよう．

解 例 3.2(3) より $A = \begin{pmatrix} 1 & 5 \\ -1 & -3 \end{pmatrix}$ の固有値は $-1 \pm i$ $(\alpha = -1,\ \beta = 1)$ だから定理 3.8(3) より

$$\begin{aligned} e^{tA} &= e^{\alpha t}\left(\cos\beta t\, I + \frac{\sin\beta t}{\beta}(A - \alpha I)\right) = e^{-t}\left(\cos t\, I + \sin t\,(A + I)\right) \\ &= e^{-t}\cos t\begin{pmatrix} 1 & 0 \\ 0 & 1 \end{pmatrix} + e^{-t}\sin t\begin{pmatrix} 2 & 5 \\ -1 & -2 \end{pmatrix} \\ &= e^{-t}\begin{pmatrix} \cos t + 2\sin t & 5\sin t \\ -\sin t & \cos t - 2\sin t \end{pmatrix} \end{aligned}$$

よって，一般解は $\begin{pmatrix} x \\ y \end{pmatrix} = e^{tA}\begin{pmatrix} c_1 \\ c_2 \end{pmatrix}$（例 3.5 参照）すなわち

$$\begin{cases} x = e^{-t}(c_1\cos t + (2c_1 + 5c_2)\sin t) \\ y = e^{-t}(c_2\cos t - (c_1 + 2c_2)\sin t) \end{cases}$$

(c_1, c_2 は任意定数) で与えられる. ■

問 3.6 次の行列 A に対して, e^{tA} を求めよ.

(1) $A = \begin{pmatrix} 2 & 1 \\ 1 & 2 \end{pmatrix}$ (2) $A = \begin{pmatrix} 1 & 1 \\ -1 & 3 \end{pmatrix}$ (3) $A = \begin{pmatrix} 1 & -2 \\ 1 & -1 \end{pmatrix}$

(4) $A = \begin{pmatrix} 1 & 1 \\ 1 & 1 \end{pmatrix}$ (5) $A = \begin{pmatrix} -2 & -1 \\ 1 & -4 \end{pmatrix}$ (6) $A = \begin{pmatrix} 1 & -5 \\ 1 & -3 \end{pmatrix}$

問 3.7 次の連立微分方程式の一般解を求めよ.

(1) $\begin{cases} x' = x + 2y \\ y' = 3x + 2y \end{cases}$ (2) $\begin{cases} x' = -3x - y \\ y' = x - y \end{cases}$ (3) $\begin{cases} x' = 3x - 2y \\ y' = 4x - y \end{cases}$

♦ 係数行列が n 次行列の場合 * ♦

n 次行列 A の相異なる固有値を $\lambda_1, \lambda_2, \cdots, \lambda_s$ とし, 固有多項式 $F_A(\lambda)$ が

$$F_A(\lambda) = |\lambda I - A| = (\lambda - \lambda_1)^{n_1}(\lambda - \lambda_2)^{n_2} \cdots (\lambda - \lambda_s)^{n_s}$$

$(n_1 + n_2 + \cdots + n_s = n)$ と因数分解されているとする. このとき

$$\frac{1}{F_A(\lambda)} = \frac{h_1(\lambda)}{(\lambda - \lambda_1)^{n_1}} + \frac{h_2(\lambda)}{(\lambda - \lambda_2)^{n_2}} + \cdots + \frac{h_s(\lambda)}{(\lambda - \lambda_s)^{n_s}}$$

と部分分数分解できる. ここで $h_j(\lambda)$ は $(n_j - 1)$ 次以下の多項式である. この両辺に $F_A(\lambda)$ を掛けると

$$\begin{aligned} 1 &= \frac{F_A(\lambda)h_1(\lambda)}{(\lambda - \lambda_1)^{n_1}} + \frac{F_A(\lambda)h_2(\lambda)}{(\lambda - \lambda_2)^{n_2}} + \cdots + \frac{F_A(\lambda)h_s(\lambda)}{(\lambda - \lambda_s)^{n_s}} \\ &= g_1(\lambda)h_1(\lambda) + g_2(\lambda)h_2(\lambda) + \cdots + g_s(\lambda)h_s(\lambda) \end{aligned}$$

を得る. ただし

$$g_j(\lambda) = (\lambda - \lambda_1)^{n_1} \cdots \overset{j}{\vee} \cdots (\lambda - \lambda_s)^{n_s} \quad \left(= \frac{F_A(\lambda)}{(\lambda - \lambda_j)^{n_j}} \right)$$

(記号 $\overset{j}{\vee}$ は j 番目を除くことを意味する) は $(n - n_j)$ 次の多項式である. これは λ の恒等式だから, 行列 A に対しても

$$I = g_1(A)h_1(A) + g_2(A)h_2(A) + \cdots + g_s(A)h_s(A)$$

が成り立つ．この式の右辺の各項を

$$P_j = g_j(A)h_j(A) \qquad (j = 1, 2, \cdots, s)$$

とおくと，行列 P_j は射影となる．

定理 3.9 行列 P_j $(j = 1, 2, \cdots)$ は次の性質を持つ．

(1) $P_1 + P_2 + \cdots + P_s = I$ (2) $P_j P_k = O \ (j \neq k)$ (3) $P_j^2 = P_j$

証明 定理 3.6 と同様の議論により示せる． ■

定理 3.9 より行列の指数関数 e^{tA} は

$$\begin{aligned} e^{tA} &= e^{tA}(P_1 + P_2 + \cdots + P_s) \\ &= e^{tA}P_1 + e^{tA}P_2 + \cdots + e^{tA}P_s \\ &= e^{\lambda_1 t}e^{t(A-\lambda_1 I)}P_1 + \cdots + e^{\lambda_s t}e^{t(A-\lambda_s I)}P_s \end{aligned}$$

と分解できる．これを**射影分解**という．さらに

$$(A - \lambda_j I)^{n_j} P_j = F_A(A)h_j(A)$$

が成り立つので，ケーリー・ハミルトンの定理より $F_A(A) = O$ だから

$$(A - \lambda_j I)^{n_j} P_j = O$$

を得る．これを利用すれば，各 j に対して

$$\begin{aligned} e^{t(A-\lambda_j I)}P_j &= \left(I + t(A - \lambda_j I) + \frac{t^2}{2!}(A - \lambda_j I)^2 + \cdots\right)P_j \\ &= \left(I + t(A - \lambda_j I) + \cdots + \frac{t^{n_j - 1}}{(n_j - 1)!}(A - \lambda_j I)^{n_j - 1}\right)P_j \end{aligned}$$

となる．よって，これらのことから e^{tA} を具体的に計算できる．

注意 (1) 固有値 $\lambda = \lambda_1, \lambda_2, \cdots, \lambda_n$ が単根の場合には

$$e^{tA} = e^{\lambda_1 t}P_1 + e^{\lambda_2 t}P_2 + \cdots + e^{\lambda_n t}P_n$$

と射影分解できる．

(2) n 次行列 A の固有多項式が $F_A(\lambda) = (\lambda - \alpha)^n$ のときは，ケーリー・ハミルトンの定理より $F_A(A) = (A - \alpha I)^n = O$ だから

$$\begin{aligned} e^{tA} &= e^{\alpha t} e^{t(A-\alpha I)} \\ &= e^{\alpha t}\left(I + t(A - \alpha I) + \cdots + \frac{t^{n-1}}{(n-1)!}(A - \alpha I)^{n-1}\right) \end{aligned}$$

である．（$P = I$ と考えてもよい．）

(3) 固有値に虚数が含まれている場合には，定理 3.8(3) のようにオイラーの公式を利用するとよい．

例 3.9　$A = \begin{pmatrix} 1 & 0 & 1 \\ -1 & 2 & 1 \\ 1 & -1 & 1 \end{pmatrix}$ のとき，e^{tA} を求めてみよう．

解　$F_A(\lambda) = |\lambda I - A| = (\lambda - 1)^2(\lambda - 2)$ より A の固有値は $\lambda = 1$（重複度 2), 2 である．このとき

$$\frac{1}{F_A(\lambda)} = \frac{1}{(\lambda - 1)^2(\lambda - 2)} = \frac{-\lambda}{(\lambda - 1)^2} + \frac{1}{\lambda - 2}$$

これに $F_A(\lambda)$ を掛けると $1 = -(\lambda - 2)\lambda + (\lambda - 1)^2$ だから

$$I = -(A - 2I)A + (A - I)^2 \quad (= P_1 + P_2)$$

ここで

$$P_1 = -(A - 2I)A = \begin{pmatrix} 0 & 1 & 0 \\ 0 & 1 & 0 \\ -1 & 1 & 1 \end{pmatrix}, \quad P_2 = (A - I)^2 = \begin{pmatrix} 1 & -1 & 0 \\ 0 & 0 & 0 \\ 1 & -1 & 0 \end{pmatrix}$$

とおくと，$P_1 + P_2 = I$ かつ $(A - I)^2 P_1 = O$, $(A - 2I)P_2 = O$ であり

$$(A - I)P_1 = \begin{pmatrix} -1 & 1 & 1 \\ -1 & 1 & 1 \\ 0 & 0 & 0 \end{pmatrix}$$

だから

$$\begin{aligned}e^{tA} &= e^{tA}(P_1+P_2)\\ &= e^te^{t(A-I)}P_1+e^{2t}e^{t(A-2I)}P_2\\ &= e^t\left(I+t(A-I)\right)P_1+e^{2t}P_2\\ &= e^t\begin{pmatrix}0&1&0\\0&1&0\\-1&1&1\end{pmatrix}+te^t\begin{pmatrix}-1&1&1\\-1&1&1\\0&0&0\end{pmatrix}+e^{2t}\begin{pmatrix}1&-1&0\\0&0&0\\1&-1&0\end{pmatrix}\end{aligned}$$

を得る. ■

例 3.10 $A=\begin{pmatrix}1&0&1\\-3&3&2\\1&-1&2\end{pmatrix}$ のとき, e^{tA} を求めてみよう.

解 $F_A(\lambda)=|\lambda I-A|=(\lambda-2)^3$ より A の固有値は $\lambda=2$ (重複度3) である. このとき, $(A-2I)^3=O$ であり

$$A-2I=\begin{pmatrix}-1&0&1\\-3&1&2\\1&-1&0\end{pmatrix},\quad (A-2I)^2=\begin{pmatrix}2&-1&-1\\2&-1&-1\\2&-1&-1\end{pmatrix}$$

だから

$$\begin{aligned}e^{tA} &= e^{2t}e^{t(A-2I)}=e^{2t}\left(I+t(A-2I)+\frac{t^2}{2}(A-2I)^2\right)\\ &= e^{2t}\begin{pmatrix}1&0&0\\0&1&0\\0&0&1\end{pmatrix}+te^{2t}\begin{pmatrix}-1&0&1\\-3&1&2\\1&-1&0\end{pmatrix}+\frac{t^2}{2}e^{2t}\begin{pmatrix}2&-1&-1\\2&-1&-1\\2&-1&-1\end{pmatrix}\end{aligned}$$

を得る. ■

問 3.8 次の行列 A に対して, e^{tA} を求めよ.

(1) $A=\begin{pmatrix}1&0&-2\\0&1&0\\2&0&-3\end{pmatrix}$ (2) $A=\begin{pmatrix}1&1&0\\1&2&-1\\1&2&0\end{pmatrix}$ (3) $A=\begin{pmatrix}2&-1&1\\-1&2&1\\1&-1&2\end{pmatrix}$

例 3.11　$A = \begin{pmatrix} 1 & -1 & -1 \\ 1 & 0 & -1 \\ 0 & 1 & 2 \end{pmatrix}$ のとき，e^{tA} を求めてみよう．

解　$F_A(\lambda) = (\lambda-1)(\lambda^2-2\lambda+2)$ より A の固有値は $\lambda = 1, 1 \pm i$ である．このとき

$$\frac{1}{F_A(\lambda)} = \frac{1}{\lambda-1} - \frac{\lambda-1}{\lambda^2-2\lambda+2} = \frac{1}{\lambda-1} - \frac{1}{2}\frac{1}{\lambda-1-i} - \frac{1}{2}\frac{1}{\lambda-1+i}$$

これに $F_A(\lambda)$ を掛けると

$$\begin{aligned} 1 &= (\lambda^2-2\lambda+2) + \frac{-1}{2}(\lambda-1)(\lambda-1+i) + \frac{-1}{2}(\lambda-1)(\lambda-1-i) \\ &= ((\lambda-1)^2+1) + \frac{-1}{2}((\lambda-1)^2 + i(\lambda-1)) + \frac{-1}{2}((\lambda-1)^2 - i(\lambda-1)) \end{aligned}$$

だから

$$\begin{aligned} &P_1 = (A-I)^2 + I, \quad P_2 = \frac{-1}{2}((A-I)^2 + i(A-I)) \\ &P_3 = \frac{-1}{2}((A-I)^2 - i(A-I)) \end{aligned}$$

とおくと，$P_1 + P_2 + P_3 = I$, $P_3 = \overline{P_2}$ より

$$\begin{aligned} e^{tA} &= e^{tA}(P_1 + P_2 + P_3) = e^t P_1 + e^{(1+i)t} P_2 + e^{(1-i)t} P_3 \\ &= e^t P_1 + e^t(e^{it} P_2 + \overline{e^{it} P_2}) = e^t P_1 + 2e^t \,\mathrm{Re}\,(e^{it} P_2) \end{aligned}$$

となる．ここで

$$\begin{aligned} 2\,\mathrm{Re}\,(e^{it} P_2) &= -\mathrm{Re}\,\big((\cos t + i \sin t)((A-I)^2 + i(A-I))\big) \\ &= -\cos t\,(A-I)^2 + \sin t\,(A-I) \end{aligned}$$

また

$$A - I = \begin{pmatrix} 0 & -1 & -1 \\ 1 & -1 & -1 \\ 0 & 1 & 1 \end{pmatrix}, \quad (A-I)^2 = \begin{pmatrix} -1 & 0 & 0 \\ -1 & -1 & -1 \\ 1 & 0 & 0 \end{pmatrix}$$

$$P_1 = (A-I)^2 + I = \begin{pmatrix} 0 & 0 & 0 \\ -1 & 0 & -1 \\ 1 & 0 & 1 \end{pmatrix}$$

だから

$$
\begin{aligned}
e^{tA} &= e^t P_1 - e^t \cos t\,(A-I)^2 + e^t \sin t\,(A-I) \\
&= e^t \begin{pmatrix} 0 & 0 & 0 \\ -1 & 0 & -1 \\ 1 & 0 & 1 \end{pmatrix} + e^t \cos t \begin{pmatrix} 1 & 0 & 0 \\ 1 & 1 & 1 \\ -1 & 0 & 0 \end{pmatrix} + e^t \sin t \begin{pmatrix} 0 & -1 & -1 \\ 1 & -1 & -1 \\ 0 & 1 & 1 \end{pmatrix}
\end{aligned}
$$

を得る． ■

問 3.9　次の行列 A に対して，e^{tA} を求めよ．

(1) $A = \begin{pmatrix} -1 & 1 & 2 \\ -2 & 2 & 2 \\ -1 & 0 & 2 \end{pmatrix}$　(2) $A = \begin{pmatrix} 0 & -1 & -1 \\ 2 & -1 & 0 \\ -1 & 1 & 0 \end{pmatrix}$　(3) $A = \begin{pmatrix} 2 & 1 & -1 \\ 0 & 1 & 2 \\ -1 & -1 & 2 \end{pmatrix}$

3.4　非斉次線形微分方程式の一般解

◆ 一般解 ◆

斉次方程式 $\boldsymbol{x}' = A\boldsymbol{x}$ の一般解 $\boldsymbol{x} = e^{tA}\boldsymbol{c}$ が分かっているとする．このとき，非斉次方程式

$$\boldsymbol{x}' = A\boldsymbol{x} + \boldsymbol{f}(t)$$

の一般解は，定理 3.1(4) より $(e^{-tA}\boldsymbol{x})' = e^{-tA}(\boldsymbol{x}' - A\boldsymbol{x}) = e^{-tA}\boldsymbol{f}(t)$ だから

$$e^{-tA}\boldsymbol{x} = \int e^{-tA}\boldsymbol{f}(t)\,dt + \boldsymbol{c}$$

から分かる．ただし，積分は各成分ごとの積分を意味する．

定 理 3.10　微分方程式 $\boldsymbol{x}' = A\boldsymbol{x} + \boldsymbol{f}(t)$ の一般解は

$$\boldsymbol{x} = e^{tA}\left(\int e^{-tA}\boldsymbol{f}(t)\,dt + \boldsymbol{c}\right)$$

（$\boldsymbol{c}$ は任意定ベクトル）で与えられる．

例 3.12 $\begin{cases} x' = y \\ y' = -x + 2\sin t \end{cases}$ の一般解を求めてみよう．

解　$A = \begin{pmatrix} 0 & 1 \\ -1 & 0 \end{pmatrix}$ の固有値は $\lambda = \pm i \ (\alpha = 0,\ \beta = 1)$ だから

$$e^{tA} = \cos t\, I + \sin t\, A = \begin{pmatrix} \cos t & \sin t \\ -\sin t & \cos t \end{pmatrix}, \quad \boldsymbol{f}(t) = \begin{pmatrix} 0 \\ 2\sin t \end{pmatrix}$$

ここで

$$e^{-tA}\boldsymbol{f}(t) = \begin{pmatrix} \cos t & -\sin t \\ \sin t & \cos t \end{pmatrix}\begin{pmatrix} 0 \\ 2\sin t \end{pmatrix} = \begin{pmatrix} -2\sin^2 t \\ 2\sin t\cos t \end{pmatrix}$$

$$\int (-2\sin^2 t)\, dt = \int (\cos 2t - 1)\, dt = \frac{1}{2}\sin 2t - t + c_1$$

$$\int 2\sin t\cos t\, dt = \int \sin 2t\, dt = \frac{-1}{2}\cos 2t + c_2$$

だから

$$e^{tA}\int e^{-tA}\boldsymbol{f}(t)\, dt = \begin{pmatrix} \cos t & \sin t \\ -\sin t & \cos t \end{pmatrix}\begin{pmatrix} \frac{1}{2}\sin 2t - t + c_1 \\ \frac{-1}{2}\cos 2t + c_2 \end{pmatrix}$$

よって，一般解は

$$\begin{cases} x = c_1\cos t + c_2\sin t - t\cos t + \dfrac{1}{2}\sin t \\ y = c_2\cos t - c_1\sin t - \dfrac{1}{2}\cos t + t\sin t \end{cases}$$

（c_1, c_2 は任意定数）で与えられる．■

問 3.10 次の連立微分方程式の一般解を求めよ．

(1) $\begin{cases} x' = -y + 2\cos t \\ y' = x \end{cases}$　(2) $\begin{cases} x' = 3x + y \\ y' = -x + y + e^{2t} \end{cases}$　(3) $\begin{cases} x' = x + 2y + e^t \\ y' = 2x + y \end{cases}$

◆◆◆ Exercises ◆◆◆

問 3.11 次の連立微分方程式の一般解を求めよ.

(1) $\begin{cases} x' = 2x - 3y \\ y' = 4x - 5y \end{cases}$ (2) $\begin{cases} x' = -x - 2y \\ y' = 2x - 5y \end{cases}$ (3) $\begin{cases} x' = -x + y \\ y' = -5x - 3y \end{cases}$

問 3.12 次の行列 A に対して, e^{tA} を求めよ.

(1) $A = \begin{pmatrix} 0 & 1 & 1 \\ 1 & 0 & 1 \\ 1 & 1 & 0 \end{pmatrix}$ (2) $A = \begin{pmatrix} 1 & 2 & 1 \\ -1 & 4 & 1 \\ 2 & -4 & 0 \end{pmatrix}$ (3) $A = \begin{pmatrix} -1 & 0 & 2 \\ -2 & 1 & 2 \\ 0 & -1 & 1 \end{pmatrix}$

問 3.13 初期値問題 $\boldsymbol{x}' = A\boldsymbol{x} + \boldsymbol{f}(t)$, $\boldsymbol{x}(t_0) = \boldsymbol{x}_0$ の解は

$$\boldsymbol{x} = e^{tA}\left(e^{-t_0 A}\boldsymbol{x}_0 + \int_{t_0}^{t} e^{-sA}\boldsymbol{f}(s)\,ds\right)$$

で与えられることを示せ.

問 3.14 次の初期値問題を解け.

(1) $\begin{cases} x' = x + 2y \\ y' = 2x - 2y \end{cases}$ $\begin{cases} x(0) = 5 \\ y(0) = -5 \end{cases}$ (2) $\begin{cases} x' = 2x + y \\ y' = -x + 2y \end{cases}$ $\begin{cases} x(\pi) = 1 \\ y(\pi) = -1 \end{cases}$

(3) $\begin{cases} x' = y + 2\sin t \\ y' = -x \end{cases}$ $\begin{cases} x(0) = -1 \\ y(0) = 1 \end{cases}$ (4) $\begin{cases} x' = y + \cos t \\ y' = -x + \sin t \end{cases}$ $\begin{cases} x(\pi) = -1 \\ y(\pi) = 1 \end{cases}$

第4章

ラプラス変換の応用

ラプラス変換は微分方程式の問題を代数方程式の問題に帰着させて解くための手法の1つであり，工学系分野にとって重要な道具の1つである．特に，外力が不連続的に変わるときや短時間のみに影響するときの初期値問題に対して，ラプラス変換の解法が有効に働く．本章では，ラプラス変換についての基本的な公式を紹介し，微分方程式の解法に適用する方法について解説する．

4.1 ラプラス変換の性質

◆ ラプラス変換の定義 ◆

実数値関数 $f(t)$ $(t \geqq 0)$ に対して，次の積分

$$\int_0^\infty e^{-st} f(t)\, dt$$

を $f(t)$ の**ラプラス変換** (Laplace transform) といい，その値を $F(s)$ と書き，関数 $f(t)$ に e^{-st} を掛けて $0 \leqq t < \infty$ で積分することを表す積分演算子と考えて $\mathcal{L}(f(t))(s)$（または簡単に $\mathcal{L}(f(t)), \mathcal{L}(f)$）と書く．すなわち

$$F(s) = \mathcal{L}(f(t))(s) = \int_0^\infty e^{-st} f(t)\, dt$$

ただし，積分が収束するような[†]関数 $f(t)$ を扱うことにする．

逆に，$F(s)$ が与えられるとき，$\mathcal{L}(f(t))(s) = F(s)$ となる関数 $f(t)$ が存在すれば，この $f(t)$ を $F(s)$ の**ラプラス逆変換** (inverse Laplace transform) といい，$\mathcal{L}^{-1}(F(s))(t)$（または簡単に $\mathcal{L}^{-1}(F(s)), \mathcal{L}^{-1}(F)$）と書く．すなわち

$$f(t) = \mathcal{L}^{-1}(F(s))(t)$$

[†]例えば，$f(t)$ が (i) $[0, \infty)$ 上で区分的に連続であり (ii) $|f(t)| \leqq Ke^{rt}$ $(t \geqq 0)$ を満たすある定数 $r > 0, K > 0$ が存在するならば積分は収束する．

注意　ラプラス変換を用いる利点は，ラプラス変換によって t の関数を扱う問題（微分方程式）を，よりやさしい s の関数を扱う問題（代数方程式）に変形し，その変形した問題を代数的に処理した後，ラプラス逆変換によって，t の関数についての有効な情報を引き出すことができる点である．

定義から $\mathcal{L}$ と $\mathcal{L}^{-1}$ の線形性が分かる．

定理 4.1　$\mathcal{L}, \mathcal{L}^{-1}$ は線形である．すなわち，スカラー α, β に対して

(1) $\mathcal{L}(\alpha f(t) + \beta g(t)) = \alpha\mathcal{L}(f(t)) + \beta\mathcal{L}(g(t))$

(2) $\mathcal{L}^{-1}(\alpha F(s) + \beta G(s)) = \alpha\mathcal{L}^{-1}(F(s)) + \beta\mathcal{L}^{-1}(G(s))$

問 4.1　$\mathcal{L}$ と $\mathcal{L}^{-1}$ の線形性を示せ．

♦ e^{at}, t^n のラプラス変換 ♦

e^{at} のラプラス変換は

$$\mathcal{L}(e^{at}) = \int_0^{\infty} e^{-(s-a)t}\,dt = \left[\frac{-1}{s-a}e^{-(s-a)t}\right]_{t-0}^{t\to\infty}$$

より

$$\mathcal{L}(e^{at}) = \frac{1}{s-a} \quad (s > a) \tag{4.1}$$

となる．特に，$a = 0$ のとき

$$\mathcal{L}(1) = \frac{1}{s} \quad (s > 0) \tag{4.2}$$

また，t, t^2 のラプラス変換は部分積分により

$$\mathcal{L}(t) = \int_0^{\infty} e^{-st}t\,dt = -\frac{1}{s}\left(\left[\, e^{-st}t \,\right]_{t=0}^{t\to\infty} - \mathcal{L}(1)\right) = \frac{1}{s^2}$$

$$\mathcal{L}(t^2) = \int_0^{\infty} e^{-st}t^2\,dt = -\frac{1}{s}\left(\left[\, e^{-st}t^2 \,\right]_{t=0}^{t\to\infty} - 2\mathcal{L}(t)\right) = \frac{2}{s^3}$$

これを繰り返せば，$n \in \boldsymbol{N}$ に対して

$$\mathcal{L}(t^n) = \frac{n!}{s^{n+1}} \quad (s > 0) \tag{4.3}$$

となる．

注意　$\alpha > 0$ に対して

$$\mathcal{L}(t^{\alpha}) = \frac{\Gamma(\alpha+1)}{s^{\alpha+1}} \quad (s > 0)$$

が成り立つ．ただし

$$\Gamma(p) = \int_0^{\infty} e^{-t} t^{p-1} dt$$

はガンマ関数であり，$p > 0$ のとき収束する．特に，$\Gamma(n+1) = n!$ $(n \in \boldsymbol{N})$ である．

例 4.1　次のラプラス変換を求めてみよう．

(1) $\mathcal{L}\left(e^{3t} - \frac{1}{2}t^2\right) = \mathcal{L}(e^{3t}) - \frac{1}{2}\mathcal{L}(t^2) = \frac{1}{s-3} - \frac{1}{2}\cdot\frac{2}{s^3} = \frac{s^3 - s + 3}{(s-3)s^3}$

(2) $\mathcal{L}(\cosh \omega t) = \frac{1}{2}\left(\mathcal{L}(e^{\omega t}) + \mathcal{L}(e^{-\omega t})\right) = \frac{1}{2}\left(\frac{1}{s-\omega} + \frac{1}{s+\omega}\right) = \frac{s}{s^2 - \omega^2}$

問 4.2　次のラプラス変換を求めよ．
(1) $\mathcal{L}(\sinh \omega t)$　(2) $\mathcal{L}(e^{-3t} - 2e^{-t})$　(3) $\mathcal{L}(t^3 + e^{-2t})$　(4) $\mathcal{L}(t^2 - 3t + 2)$

♦ $\cos \omega t, \sin \omega t$ のラプラス変換 ♦

複素数値関数 $f(t) + ig(t)$ に対するラプラス変換は

$$\mathcal{L}(f(t) + ig(t)) = \mathcal{L}(f(t)) + i\mathcal{L}(g(t))$$

（f, g の実数値関数）と定める．

(4.1) は a が複素数のときも成り立ち

$$\mathcal{L}(e^{at}) = \frac{1}{s-a} \quad (s > \mathrm{Re}\, a) \tag{4.4}$$

となる．特に，$a = i\omega$ $(\omega \in \boldsymbol{R})$ のとき

$$\mathcal{L}(e^{i\omega t}) = \frac{1}{s - i\omega} = \frac{s}{s^2+\omega^2} + i\frac{\omega}{s^2+\omega^2} \quad (s > 0)$$

一方，オイラーの公式 $(e^{i\theta} = \cos\theta + i\sin\theta)$ より

$$\mathcal{L}(e^{i\omega t}) = \mathcal{L}(\cos \omega t) + i\mathcal{L}(\sin \omega t)$$

だから実部と虚部を比較すれば次を得る．

$$\mathcal{L}(\cos \omega t) = \frac{s}{s^2 + \omega^2}, \quad \mathcal{L}(\sin \omega t) = \frac{\omega}{s^2 + \omega^2} \quad (s > 0) \tag{4.5}$$

例 4.2 次のラプラス変換を求めてみよう．

(1) $$\mathcal{L}(\cos 3t - 2\sin 3t) = \mathcal{L}(\cos 3t) - 2\mathcal{L}(\sin 3t) = \frac{s}{s^2+9} - \frac{2 \cdot 3}{s^2+9} = \frac{s-6}{s^2+9}$$

(2) $$\mathcal{L}(\cos^2 t) = \frac{1}{2}(\mathcal{L}(1) + \mathcal{L}(\cos 2t)) = \frac{1}{2}\left(\frac{1}{s} + \frac{s}{s^2+4}\right) = \frac{s^2+2}{s(s^2+4)}$$

問 4.3 次のラプラス変換を求めよ．

(1) $\mathcal{L}(\sin^2 t)$ (2) $\mathcal{L}\left(\cos \frac{2t}{3} + 3\sin \frac{-2t}{3}\right)$ (3) $\mathcal{L}\left(\cos\left(2t + \frac{\pi}{6}\right)\right)$

(4) $\mathcal{L}\left(\sin\left(3t + \frac{\pi}{4}\right)\right)$ (5) $\mathcal{L}(\cos t \sin t)$ (6) $\mathcal{L}\left(\frac{2 + \tan^2 t}{1 + \tan^2 t}\right)$

◆ 導関数のラプラス変換 ◆

$f(t)$ の導関数のラプラス変換を考えてみよう．

$$\begin{aligned}\mathcal{L}(f'(t)) &= \int_0^\infty e^{-st} f'(t)\,dt = \Big[\, e^{-st} f(t) \,\Big]_{t=0}^{t\to\infty} + s\int_0^\infty e^{-st} f(t)\,dt \\ &= -f(0) + s\mathcal{L}(f(t)) = s\mathcal{L}(f(t)) - f(0)\end{aligned}$$

すなわち

$$\mathcal{L}(f'(t)) = sF(s) - f(0) \tag{4.6}$$

さらに，(4.6) より（f を f' に置き換えて）

$$\begin{aligned}\mathcal{L}(f''(t)) &= \mathcal{L}((f')'(t)) = s\mathcal{L}(f'(t)) - f'(0) \\ &= s(s\mathcal{L}(f(t)) - f(0)) - f'(0) \\ &= s^2\mathcal{L}(f(t)) - sf(0) - f'(0)\end{aligned}$$

すなわち

$$\mathcal{L}(f''(t)) = s^2F(s) - sf(0) - f'(0) \tag{4.7}$$

これを繰り返せば次を得る．

$$\mathcal{L}(f^{(n)}(t)) = s^nF(s) - s^{n-1}f(0) - \cdots - sf^{(n-2)}(0) - f^{(n-1)}(0)$$

例 4.3　$x'' - x' - 2x = 0\,,\ x(0) = 0\,,\ x'(0) = 1$ を解いてみよう．

解　$X(s) = \mathcal{L}(x(t))$ とおくと，(4.6), (4.7) より

$$\begin{aligned}\mathcal{L}(x'' - x' - 2x) &= \mathcal{L}(x'') - \mathcal{L}(x') - 2\mathcal{L}(x)\\ &= (s^2X - sx(0) - x'(0)) - (sX - x(0)) - 2X\\ &= (s^2 - s - 2)X - 1\end{aligned}$$

一方，$\mathcal{L}(0) = 0$ より $(s^2 - s - 2)X = 1$ だから

$$X = \frac{1}{s^2 - s - 2} = \frac{1}{(s-2)(s+1)} = \frac{1}{3}\left(\frac{1}{s-2} - \frac{1}{s+1}\right)$$

X をラプラス逆変換すれば

$$x = \mathcal{L}^{-1}(X) = \frac{1}{3}\left(\mathcal{L}^{-1}\left(\frac{1}{s-2}\right) - \mathcal{L}^{-1}\left(\frac{1}{s+1}\right)\right)$$

よって，(4.1) より求める解は $x = \dfrac{1}{3}\left(e^{2t} - e^{-t}\right)$ である．■

注意　$(s^2 - s - 2)X = 1$ を $x'' - x' - 2x = 0$ の**補助方程式**という．また，$s^2 - s - 2$ は特性多項式 $\lambda^2 - \lambda - 2$ に対応している．

例 4.4　$x'' + x = t\,,\ x(0) = 2\,,\ x'(0) = 1$ を解いてみよう．

解　$X(s) = \mathcal{L}(x(t))$ とおくと，(4.3), (4.7) より

$$(s^2X - sx(0) - x'(0)) + X = \mathcal{L}(t)$$

$$(s^2 + 1)X - 2s - 1 = \frac{1}{s^2}$$

だから X について解いて

$$X = \frac{1}{s^2(s^2+1)} + \frac{2s+1}{s^2+1} = \frac{1}{s^2} + \frac{2s}{s^2+1}$$

X をラプラス逆変換すれば

$$x = \mathcal{L}^{-1}(X) = \mathcal{L}^{-1}\left(\frac{1}{s^2}\right) + 2\mathcal{L}^{-1}\left(\frac{s}{s^2+1}\right)$$

よって，(4.3), (4.5) より求める解は $x = t + 2\cos t$ である．■

問 4.4 次の初期値問題を解け.
(1) $x'' + 2x' - 3x = 0$, $x(0) = 0$, $x'(0) = 4$
(2) $x'' - 3x' + 2x = 0$, $x(0) = 1$, $x'(0) = 0$
(3) $x' - 2x = 2e^{3t}$, $x(0) = 1$
(4) $x'' - x = t$, $x(0) = x'(0) = 1$

例 4.5 微分方程式を利用して $\mathcal{L}(t\sin\omega t)$ を求めてみよう.

解 $x = t\sin\omega t$ とおくと, $x' = \sin\omega t + \omega t\cos\omega t$, $x'' = 2\omega\cos\omega t - \omega^2 t\sin\omega t$ だから $x'' + \omega^2 x = 2\omega\cos\omega t$, $x(0) = x'(0) = 0$ を得る. ここで, $X(s) = \mathcal{L}(x(t))$ とおくと

$$(s^2 + \omega^2)X = 2\omega\mathcal{L}(\cos\omega t) = \frac{2\omega s}{s^2 + \omega^2}$$

よって, $\mathcal{L}(t\sin\omega t) = X = \dfrac{2\omega s}{(s^2 + \omega^2)^2}$ となる. ■

問 4.5 次のラプラス変換を求めよ.
(1) $\mathcal{L}(t\cos\omega t)$　(2) $\mathcal{L}(t\cosh\omega t)$　(3) $\mathcal{L}(t\sinh\omega t)$　(4) $\mathcal{L}(t^2\cos\omega t)$

注意 $t = 0$ 以外で初期条件が与えられている場合には, 変数変換して $t = 0$ で初期条件を持つ初期値問題に変形してしまえば直接的にラプラス変換を用いた解法が利用できる. 例えば, 初期値問題

$$\frac{d^2x}{dt^2} + x = t - \pi, \quad x(\pi) = 2, \quad \frac{dx}{dt}(\pi) = 1$$

は $t = \pi$ で初期条件が与えられている. そこで, $y(\tau) = x(t)$, $\tau = t - \pi$ と変換すると, $\dfrac{d\tau}{dt} = 1$ より $\dfrac{dx}{dt} = \dfrac{dy}{d\tau}\dfrac{d\tau}{dt} = \dfrac{dy}{d\tau}$ だから y についての初期値問題

$$\frac{d^2y}{d\tau^2} + y = \tau, \quad y(0) = 2, \quad \frac{dy}{d\tau}(0) = 1$$

を得る. これをラプラス変換を用いて解くと, 例 4.4 より解は $y(\tau) = \tau + 2\cos\tau$ となる. 従って, x についての初期値問題の解として

$$x(t) = t - \pi + 2\cos(t - \pi) = t - \pi - 2\cos t$$

を得ることができる.

4.2　ラプラス変換の公式

◆ 移動公式 ◆

関数 $f(t)$ と指数関数 e^{at} の積 $e^{at}f(t)$ のラプラス変換は

$$\mathcal{L}(e^{at}f(t))(s)=\int_0^\infty e^{-st}e^{at}f(t)\,dt=\int_0^\infty e^{-(s-a)t}f(t)\,dt$$

すなわち

$$\mathcal{L}(e^{at}f(t))(s)=\mathcal{L}(f(t))(s-a)=F(s-a) \tag{4.8}$$

注意　$f(t)$ に e^{at} を掛けることは，$F(s)$ を a だけ平行移動することに対応している．

よって，(4.1) と (4.8) を組み合わせれば，$n\in\boldsymbol{N}$ に対して

$$\mathcal{L}(e^{at}t^n)=\frac{n!}{(s-a)^{n+1}}\quad(s>a) \tag{4.9}$$

また，(4.5) と (4.8) を組み合わせれば，$s>a$ のとき

$$\mathcal{L}(e^{at}\cos\omega t)=\frac{s-a}{(s-a)^2+\omega^2},\quad \mathcal{L}(e^{at}\sin\omega t)=\frac{\omega}{(s-a)^2+\omega^2} \tag{4.10}$$

例 4.6　次のラプラス変換を求めてみよう．

(1) $\mathcal{L}(e^{-t}(t+t^2))=\mathcal{L}(e^{-t}t)+\mathcal{L}(e^{-t}t^2)$

$$=\frac{1}{(s+1)^2}+\frac{2}{(s+1)^3}=\frac{s+3}{(s+1)^3}$$

(2) $\mathcal{L}(e^t(\cos 2t-3\sin 2t))=\mathcal{L}(e^t\cos 2t)-3\mathcal{L}(e^t\sin 2t)$

$$=\frac{s-1}{(s-1)^2+4}+\frac{-3\cdot 2}{(s-1)^2+4}=\frac{s-7}{s^2-2s+5}$$

問 4.6　次のラプラス変換を求めよ．

(1) $\mathcal{L}(e^{-2t}t^3)$　(2) $\mathcal{L}\left(e^{2t}(\cos 3t+\sin 3t)\right)$　(3) $\mathcal{L}\left(e^t\cos\left(3t+\frac{\pi}{4}\right)\right)$

(4) $\mathcal{L}\left(e^{-t}\sin\left(2t+\frac{\pi}{6}\right)\right)$　(5) $\mathcal{L}(e^{at}\cosh\omega t)$　(6) $\mathcal{L}(e^{at}\sinh\omega t)$

問 4.7 次の初期値問題を解け.

(1) $x' - 2x = 2e^t \cos t$, $x(0) = -1$

(2) $x' - 3x = e^{-t}(\cos 2t - 2\sin 2t)$, $x(0) = 0$

(3) $x'' - 2x' = 2e^t \sin t$, $x(0) = 0$, $x'(0) = -1$

例 4.7 $\begin{cases} x' = x + y \\ y' = -x + 3y \end{cases}$ $\begin{cases} x(0) = 0 \\ y(0) = 1 \end{cases}$ を解いてみよう.

解 $X(s) = \mathcal{L}(x(t))$, $Y(s) = \mathcal{L}(y(t))$ とおくと, (4.6) より

$$\begin{cases} sX - x(0) = X + Y \\ sY - y(0) = -X + 3Y \end{cases} \quad \text{i.e.} \quad \begin{cases} (s-1)X - Y = 0 \\ X + (s-3)Y = 1 \end{cases}$$

だから X, Y について解いて

$$X = \frac{1}{(s-2)^2}, \quad Y = \frac{s-1}{(s-2)^2} = \frac{1}{(s-2)^2} + \frac{1}{s-2}$$

X, Y をラプラス逆変換すれば

$$x = \mathcal{L}^{-1}\left(\frac{1}{(s-2)^2}\right), \quad y = \mathcal{L}^{-1}\left(\frac{1}{(s-2)^2}\right) + \mathcal{L}^{-1}\left(\frac{1}{s-2}\right)$$

よって, (4.9) より求める解は $x = e^{2t}t$, $y = e^{2t}(t+1)$ である. ■

問 4.8 次の初期値問題を解け.

(1) $\begin{cases} x' = x + 5y \\ y' = -x - 3y \end{cases}$ $\begin{cases} x(0) = 1 \\ y(0) = 1 \end{cases}$ (2) $\begin{cases} x' = x + 2y + e^t \\ y' = 2x + y \end{cases}$ $\begin{cases} x(0) = 1 \\ y(0) = 0 \end{cases}$

(3) $\begin{cases} x' = x - 2y + 6te^{-t} \\ y' = 2x - 3y \end{cases}$ $\begin{cases} x(0) = 1 \\ y(0) = 1 \end{cases}$

◆ 合成積のラプラス変換 ◆

関数 $f(t)$, $g(t)$ $(t \geqq 0)$ に対して

$$\int_0^t f(t-\tau)g(\tau)\,d\tau$$

を f と g の**合成積**または**たたみ込み** (convolution) といい, $(f * g)(t)$ と書く. 変数変換することにより $f * g = g * f$ が分かる. 実際

$$(f*g)(t) = \int_0^t f(t-\tau)g(\tau)\,d\tau \quad (\text{置換 } s = t-\tau)$$
$$= \int_0^t g(t-s)f(s)\,ds = (g*f)(t)$$

例 4.8　$f(t) = e^{-t}$ と $g(t) = t$ の合成積を求めてみよう．

解

$$(f*g)(t) = \int_0^t e^{-(t-\tau)}\tau\,d\tau = e^{-t}\int_0^t e^{\tau}\tau\,d\tau$$
$$= e^{-t}(e^t t - e^t + 1) = t - 1 + e^{-t}$$

■

問 4.9　次の関数の合成積を求めよ．
(1) e^{-t}, e^{-2t}　(2) t^2, e^t　(3) $\cos t$, $\sin t$　(4) $e^t \cos t$, $e^t \cos t$

定理 4.2（合成積 $\boldsymbol{f*g}$ のラプラス変換）　次が成り立つ．
(1) $\mathcal{L}((f*g)(t)) = \mathcal{L}(f(t))\mathcal{L}(g(t)) = F(s)G(s)$
(2) $\mathcal{L}^{-1}(F(s)G(s)) = \mathcal{L}^{-1}(\mathcal{L}(f(t))\mathcal{L}(g(t))) = (f*g)(t)$

証明　(1) 累次積分において変数変換を行う．すなわち

$$\mathcal{L}((f*g)(t)) = \int_0^\infty e^{-st}(f*g)(t)\,dt$$
$$= \int_0^\infty \int_0^t e^{-st} f(t-\tau)g(\tau)\,d\tau dt$$

に対して，$u = t-\tau$, $v = \tau$ (i.e. $t = u+v$, $\tau = v$) と変数変換すると，ヤコビアンは $\dfrac{\partial(t,\tau)}{\partial(u,v)} = \begin{vmatrix} 1 & 1 \\ 0 & 1 \end{vmatrix} = 1$ となり，$D = \{(t,\tau) \mid 0 \leqq \tau \leqq t\}$ は $E = \{(u,v) \mid u \geqq 0,\ v \geqq 0\}$ に移される．よって

$$\mathcal{L}((f*g)(t)) = \int_0^\infty \int_0^\infty e^{-s(u+v)} f(u)g(v)\,dudv$$
$$= \int_0^\infty e^{-su} f(u)\,du \int_0^\infty e^{-sv} g(v)\,dv = F(s)G(s)$$

が成り立つ．さらに，(1) をラプラス逆変換すれば (2) を得る．　■

例 4.9　（外力が加わったバネの）振動方程式の初期値問題

$$\begin{cases} x'' + x = f(t) \\ x(0) = x'(0) = 0 \end{cases}, \quad f(t) = \begin{cases} 2\sin t & (0 < t < \pi) \\ 0 & (t \geqq \pi) \end{cases}$$

を解いてみよう.

解　$X(s) = \mathcal{L}(x(t))$ とおくと，$(s^2X - sx(0) - x'(0)) + X = \mathcal{L}(f(t))$ より $(s^2+1)X = \mathcal{L}(f(t))$ すなわち

$$X = \frac{\mathcal{L}(f(t))}{s^2+1} = \mathcal{L}(\sin t)\mathcal{L}(f(t)) = \mathcal{L}(\sin t * f(t))$$

だから

$$x = \mathcal{L}^{-1}(X) = \sin t * f(t) = \int_0^t \sin(t-\tau)f(\tau)\,d\tau$$

(i) $0 < t < \pi$ のとき

$$x = 2\int_0^t \sin(t-\tau)\sin\tau\,d\tau = \int_0^t (\cos(t-2\tau) - \cos t)\,d\tau$$
$$= \sin t - t\cos t$$

(ii) $t \geqq \pi$ のとき

$$x = 2\int_0^\pi \sin(t-\tau)\sin\tau\,d\tau = -\pi\cos t$$

よって，求める解は

$$x = \begin{cases} \sin t - t\cos t & (0 < t < \pi) \\ -\pi\cos t & (t \geqq \pi) \end{cases}$$

である. ■

問 4.10　次の初期値問題を解け.

(1) $\begin{cases} x'' + x = f(t) \\ x(0) = 0,\ x'(0) = 1 \end{cases}, \quad f(t) = \begin{cases} 2\cos t & (0 < t < \pi) \\ 0 & (t \geqq \pi) \end{cases}$

(2) $\begin{cases} x'' - 2x' + x = f(t) \\ x(0) = x'(0) = 0 \end{cases}, \quad f(t) = \begin{cases} te^{2t} & (0 < t < 1) \\ 0 & (t \geqq 1) \end{cases}$

◆ $f(t-a)$ のラプラス変換 ◆

関数 $f(t)$ を $a > 0$ だけ平行移動した関数 $f(t-a)$ のラプラス変換について考える．$f(t)$ の $t < 0$ における定義域を 0 で拡張した新しい関数を

$$\overline{f_a}(t) = \begin{cases} 0 & (t < a) \\ f(t-a) & (t \geqq a) \end{cases}$$

とすると，$\overline{f_a}(t)$ のラプラス変換は

$$\begin{aligned}\mathcal{L}(\overline{f_a}(t)) &= \int_0^{\infty} e^{-st}\overline{f_a}(t)\,dt = \int_a^{\infty} e^{-st} f(t-a)\,dt \\ &= e^{-as}\int_0^{\infty} e^{-s\tau} f(\tau)\,d\tau = e^{-as}\mathcal{L}(f(t))\end{aligned}$$

（置換 $\tau = t - a$）となる．ここで，$a > 0$ における単位階段関数

$$H_a(t) = \begin{cases} 0 & (t < a) \\ 1 & (t \geqq a) \end{cases}$$

（これをヘビサイド関数という）を導入し，$\overline{f_a}(t) = f(t-a)H_a(t)$ と表すことにすれば，$a > 0$ のとき

$$\mathcal{L}(f(t-a)H_a(t)) = e^{-as}\mathcal{L}(f(t)) = e^{-as}F(s) \tag{4.11}$$

が成り立つ．特に，$f(t) = 1$ のとき $\mathcal{L}(H_a(t)) = e^{-as}\dfrac{1}{s}$ $(a > 0)$ である．

4.3　ラプラス変換と行列の指数関数

◆ e^{tA} のラプラス変換 ◆

連立の定数係数線形微分方程式 $\boldsymbol{x}' = A\boldsymbol{x}$ を考えるとき重要な役割を果たす行列の指数関数 e^{tA} はラプラス変換を用いて導くことができる．

$\boldsymbol{X}(s) = \mathcal{L}(\boldsymbol{x}(t))$ とおくと，$\boldsymbol{x}' = A\boldsymbol{x}$ のラプラス変換は

$$s\boldsymbol{X}(s) - \boldsymbol{x}(0) = A\boldsymbol{X}(s)$$

だから $(sI - A)\boldsymbol{X}(s) = \boldsymbol{x}(0)$ より

$$\boldsymbol{X}(s) = (sI - A)^{-1}\boldsymbol{x}(0)$$

これをラプラス逆変換すれば

$$\boldsymbol{x}(t) = \mathcal{L}^{-1}(\boldsymbol{X}(s)) = \mathcal{L}^{-1}\left((sI-A)^{-1}\right)\boldsymbol{x}(0)$$

一方，$\boldsymbol{x}' = A\boldsymbol{x}$ の解は $\boldsymbol{x}(t) = e^{tA}\boldsymbol{x}(0)$ だから解の一意性より次を得る．

定理 4.3（e^{tA} のラプラス変換）

$$\mathcal{L}(e^{tA}) = (sI-A)^{-1} \quad \text{すなわち} \quad e^{tA} = \mathcal{L}^{-1}\left((sI-A)^{-1}\right)$$

例 4.10 $A = \begin{pmatrix} -1 & 0 \\ 1 & -2 \end{pmatrix}$ のとき，e^{tA} を求めてみよう．

解

$$(sI-A)^{-1} = \begin{pmatrix} s+1 & 0 \\ -1 & s+2 \end{pmatrix}^{-1} = \frac{1}{(s+1)(s+2)}\begin{pmatrix} s+2 & 0 \\ 1 & s+1 \end{pmatrix}$$

また

$$\mathcal{L}^{-1}\left(\frac{1}{s+1}\right) = e^{-t}, \quad \mathcal{L}^{-1}\left(\frac{1}{s+2}\right) = e^{-2t}, \quad \mathcal{L}^{-1}(0) = 0$$

$$\mathcal{L}^{-1}\left(\frac{1}{(s+1)(s+2)}\right) = \mathcal{L}^{-1}\left(\frac{1}{s+1} - \frac{1}{s+2}\right) = e^{-t} - e^{-2t}$$

だから

$$e^{tA} = \mathcal{L}^{-1}\left((sI-A)^{-1}\right) = \begin{pmatrix} e^{-t} & 0 \\ e^{-t} - e^{-2t} & e^{-2t} \end{pmatrix}$$

を得る． ■

問 4.11 次の行列 A に対して，e^{tA} を求めよ．

(1) $A = \begin{pmatrix} 2 & 1 \\ 1 & 2 \end{pmatrix}$ (2) $A = \begin{pmatrix} 1 & 1 \\ -1 & 3 \end{pmatrix}$ (3) $A = \begin{pmatrix} 1 & -2 \\ 1 & -1 \end{pmatrix}$

(4) $A = \begin{pmatrix} 1 & 1 \\ 1 & 1 \end{pmatrix}$ (5) $A = \begin{pmatrix} -2 & -1 \\ 1 & -4 \end{pmatrix}$ (6) $A = \begin{pmatrix} 1 & -5 \\ 1 & -3 \end{pmatrix}$

◆◆◆ Exercises ◆◆◆

問 4.12 次の等式を示せ．ただし，a は実数とする．

(1) $\mathcal{L}(f(t+a)) = e^{as}F(s) - \int_0^a e^{-s(t-a)} f(t)\,dt \quad (a>0)$

(2) $\mathcal{L}(tf(t)) = -F'(s)$

(3) $\mathcal{L}(f(at)) = \dfrac{1}{a}F\left(\dfrac{s}{a}\right) \quad (a>0)$

(4) $\lim_{t\to+0} |f(t)t^{-1}| < \infty$ のとき，$\mathcal{L}\left(f(t)t^{-1}\right) = \int_s^\infty F(r)\,dr$

(5) $\mathcal{L}\left(\int_0^t f(\tau)\,d\tau\right) = \dfrac{F(s)}{s} \quad (s>0)$

問 4.13 次の初期値問題を解け.

(1) $x' - x = t^2$, $x(0) = -1$

(2) $x' - x = 3t^2e^t$, $x(0) = 1$

(3) $x'' + 2x' + x = 2\sin t$, $x(0) = 0$, $x'(0) = 1$

(4) $x''' + x' = 0$, $x(0) = 0$, $x'(0) = x''(0) = 1$

(5) $x^{(4)} + 2x'' + x = 0$, $x(0) = 0$, $x'(0) = 1$, $x''(0) = 2$, $x'''(0) = -1$

(6) $x^{(4)} + 2x'' + x = 2$, $x(0) = x'(0) = x''(0) = x'''(0) = 0$

(7) $\begin{cases} x' - 2y' = -t \\ x'' - y'' + y = 0 \end{cases} \quad \begin{cases} x(0) = x'(0) = 0 \\ y(0) = y'(0) = 0 \end{cases}$

(8) $\begin{cases} x'' + x + y = e^t \\ y'' - x - y = 0 \end{cases} \quad \begin{cases} x(0) = 1,\ x'(0) = 0 \\ y(0) = y'(0) = 0 \end{cases}$

ラプラス変換の公式

A 群　$f(t), g(t)$	A 群　$F(s) = \mathcal{L}(f(t))(s)\,, G(s) = \mathcal{L}(g(t))(s)$
$1\,,\ t^n \quad (n \in \boldsymbol{N})$	$\dfrac{1}{s}\,,\ \dfrac{n!}{s^{n+1}}$
e^{at}	$\dfrac{1}{s-a}$
$\cos\omega t\,,\ \sin\omega t$	$\dfrac{s}{s^2+\omega^2}\,,\ \dfrac{\omega}{s^2+\omega^2}$
$\cosh\omega t\,,\ \sinh\omega t$	$\dfrac{s}{s^2-\omega^2}\,,\ \dfrac{\omega}{s^2-\omega^2}$
$f'(t)\,,\ f''(t)$	$sF(s)-f(0)\,,\ s^2F(s)-sf(0)-f'(0)$
$e^{at}f(t)$	$F(s-a)$
$(f*g)(t)$	$F(s)G(s)$

B 群　$f(t)$	B 群　$F(s) = \mathcal{L}(f(t))(s)$
$e^{at}t^n \quad (n \in \boldsymbol{N})$	$\dfrac{n!}{(s-a)^{n+1}}$
$e^{at}\cos\omega t\,,\ e^{at}\sin\omega t$	$\dfrac{s-a}{(s-a)^2+\omega^2}\,,\ \dfrac{\omega}{(s-a)^2+\omega^2}$
$e^{at}\cosh\omega t\,,\ e^{at}\sinh\omega t$	$\dfrac{s-a}{(s-a)^2-\omega^2}\,,\ \dfrac{\omega}{(s-a)^2-\omega^2}$
$f^{(n)}(t)$	$s^nF(s)-s^{n-1}f(0)-\cdots-sf^{(n-2)}(0)-f^{(n-1)}(0)$
$f(t-a)H_a(t)\ (a>0)$	$e^{-as}F(s)$
$f(t+a)\ (a>0)$	$e^{as}F(s)-\displaystyle\int_0^a e^{-s(t-a)}f(t)\,dt$
$f(at)$	$\dfrac{1}{a}F\left(\dfrac{s}{a}\right)$
$tf(t)\,,\ t\cos\omega t\,,\ t\sin\omega t$	$-F'(s)\,,\ \dfrac{s^2-\omega^2}{(s^2+\omega^2)^2}\,,\ \dfrac{2\omega s}{(s^2+\omega^2)^2}$
$f(t)t^{-1}$	$\displaystyle\int_s^\infty F(r)\,dr$　（ただし，$\displaystyle\lim_{t\to+0}\lvert f(t)t^{-1}\rvert<\infty$）
$\displaystyle\int_0^t f(\tau)\,d\tau$	$\dfrac{1}{s}F(s)$
e^{tA}	$(sI-A)^{-1}$

第5章

非線形微分方程式の大域解

第 2 章では，局所解の存在と解の一意性，および線形または弱非線形の微分方程式の大域解の存在について考察した．本章では，非線形微分方程式の大域解の存在問題に対してアプリオリ評価を利用した議論の進め方について解説する．特に，非線形振動モデルの大域解の存在について考察する．また，エネルギー法と解の減衰に関する評価式の求め方について紹介する．

5.1 大域解の存在

◆ 局所解の存在と一意性 ◆

非線形微分方程式

$$\boldsymbol{x}' = \boldsymbol{f}(t, \boldsymbol{x}) \tag{5.1}$$

について再考する．$t = a$ で初期値

$$\boldsymbol{x}(a) = \boldsymbol{x}_a \in \boldsymbol{R}^n$$

を持つ初期値問題に対する局所解の存在定理（定理 2.2，定理 2.3）の証明を見直し，$|\boldsymbol{x}_a| \leqq K$ のとき，適当な $0 < \ell \leqq K, 0 < r \leqq K$ をとって

$$\overline{D} = \{(t, \boldsymbol{x}) \mid |t - a| \leqq \ell,\ |\boldsymbol{x} - \boldsymbol{x}_a| \leqq r\}$$

とすると，(B.8)（または (2.13)）より局所解 $\boldsymbol{x}(t)$ は

$$|\boldsymbol{x}(t)| \leqq |\boldsymbol{x}_a| + r \leqq 2K$$

とできることが分かる．従って，定理 2.2，定理 2.3，定理 2.5，定理 2.6 の議論から次を得る．

定　理 5.1（局所解の存在と一意性）　$\boldsymbol{f}(t,\boldsymbol{x})$ は連続とする．$|\boldsymbol{x}_a| \leqq K$ とする．このとき，$\rho = \rho(K) > 0$ が存在して，初期値問題 $\boldsymbol{x}' = \boldsymbol{f}(t,\boldsymbol{x})$，$\boldsymbol{x}(a) = \boldsymbol{x}_a$ は区間 $[a-\rho, a+\rho]$ 上で C^1 級の解 $\boldsymbol{x}(t)$ を持ち

$$|\boldsymbol{x}(t)| \leqq 2K \quad (a-\rho \leqq t \leqq a+\rho)$$

が成り立つ．さらに，$\boldsymbol{f}(t,\boldsymbol{x})$ が $\boldsymbol{x}$ について C^1 級ならば解は一意的である．

注意　$\boldsymbol{f}(t,\boldsymbol{x})$ の条件は弱めることができて，$\boldsymbol{f}(t,\boldsymbol{x})$ が点 $(a,\boldsymbol{x}_a)$ を含む適当な有界閉領域上で $\boldsymbol{x}$ についてリプシッツ連続ならば解は一意的である．

$\boldsymbol{f}(t,\boldsymbol{x})$ が解の延長条件 (2.15) を満たしている（例えば，$\boldsymbol{x}$ について線形である）ときには大域解の存在が分かっている．ここでは一般の $\boldsymbol{f}(t,\boldsymbol{x})$ に対して，$t=0$ で初期値 $\boldsymbol{x}(0) = \boldsymbol{x}_0 \in \boldsymbol{R}^n$ を持つ初期値問題

$$\begin{cases} \boldsymbol{x}' = \boldsymbol{f}(t,\boldsymbol{x}), \quad t \geqq 0 \\ \boldsymbol{x}(0) = \boldsymbol{x}_0 \end{cases} \tag{5.2}$$

の大域解について考えることにする．ただし，$\boldsymbol{R}^+ = [0,\infty)$ とし，$\boldsymbol{f} : \boldsymbol{R}^+ \times \boldsymbol{R}^n \to \boldsymbol{R}^n$ は連続とする．$t \leqq 0$ に対しても同様の議論はできるが，表記の簡単化のために $t \geqq 0$ の場合に限定して議論する．

◆ アプリオリ（a-priori）評価と大域解 ◆

初期値問題 (5.2) の大域解の存在問題では，アプリオリ評価（先験的評価）を用いた大域解の存在証明が有効である．

アプリオリ評価 A：任意の $T > 0$ に対して，$\boldsymbol{x}(t)$ が区間 $[0,S]$ $(S \leqq T)$ 上で初期値問題 (5.2) の解ならば，定数 $C(T,\boldsymbol{x}_0) > 0$ が存在して

$$\max_{0 \leqq t \leqq S} |\boldsymbol{x}(t)| \leqq C(T,\boldsymbol{x}_0)$$

とできる．

アプリオリ評価 A を持つ初期値問題は，任意の初期値に対して大域解を持つことが分かる．

> **定 理 5.2**（**大域解の存在 A**） $\boldsymbol{f}(t,\boldsymbol{x})$ は連続とする．このとき，初期値問題 (5.2) がアプリオリ評価 A を持つならば，任意の $\boldsymbol{x}_0 \in \boldsymbol{R}^n$ に対して (5.2) は C^1 級の大域解 $\boldsymbol{x}(t)$ を持つ．さらに，$\boldsymbol{f}(t,\boldsymbol{x})$ が $\boldsymbol{x}$ について C^1 級ならば解は一意的である．

注意 $\boldsymbol{f}(t,\boldsymbol{x})$ の条件は弱めることができて，$\boldsymbol{f}(t,\boldsymbol{x})$ が $\boldsymbol{R}^+ \times \boldsymbol{R}^n$ 上の任意の有界閉領域上で $\boldsymbol{x}$ についてリプシッツ連続ならば解は一意的である．

証明 $T > 0$ を任意にとって固定し，アプリオリ評価 A の下で

$$K = \max\{\, |\boldsymbol{x}_0|\,,\, C(T,\boldsymbol{x}_0)\,\}$$

とする．このとき，$|\boldsymbol{x}_0| \leqq K$ だから定理 5.1 より定数 $\rho = \rho(K) > 0$ が存在して，(5.2) は $[0,\rho]$ 上で C^1 級の解 $\boldsymbol{x}(t)$ を持つ．そこで，$S = \rho$ としてアプリオリ評価 A を用いると

$$\max_{0 \leqq t \leqq \rho} |\boldsymbol{x}(t)| \leqq C(T,\boldsymbol{x}_0)$$

が成り立つ．

次に，$t = \rho$ における解 $\boldsymbol{x}(\rho)$ を初期値として (5.1) の初期値問題を考えると

$$|\boldsymbol{x}(\rho)| \leqq C(T,\boldsymbol{x}_0) \leqq K$$

だから定理 5.1 より初期値問題は $[\rho, 2\rho]$ 上で C^1 級の解 $\boldsymbol{x}_2(t)$ を持つ．

ここで，$\boldsymbol{x}(t)$ $(0 \leqq t \leqq \rho)$ と $\boldsymbol{x}_2(t)$ $(\rho \leqq t \leqq 2\rho)$ を繋いで延長し，延長した関数を改めて $\boldsymbol{x}(t)$ $(0 \leqq t \leqq 2\rho)$ とすると（方程式を利用した† 微分可能性の議論を経て）$\boldsymbol{x}(t)$ は (5.2) の $[0, 2\rho]$ 上の解となる．再び，$S = 2\rho$ としてアプリオリ評価 A を用いると

$$\max_{0 \leqq t \leqq 2\rho} |\boldsymbol{x}(t)| \leqq C(T,\boldsymbol{x}_0)$$

が成り立つ．

この議論を繰り返して $\boldsymbol{x}(t)$ $(0 \leqq t \leqq (n-1)\rho)$ と $\boldsymbol{x}_n(t)$ $((n-1)\rho \leqq t \leqq n\rho)$ を構成し，これらを滑らかに繋いで延長する．延長した関数を改めて $\boldsymbol{x}(t)$ $(0 \leqq t \leqq n\rho)$ とすると，$\boldsymbol{x}(t)$ は (5.2) の $[0, n\rho]$ 上の解となる．従って，n の

† $\displaystyle\lim_{t\to\rho-} \boldsymbol{x}'(t) = \lim_{t\to\rho-} \boldsymbol{f}(t,\boldsymbol{x}(t)) = \lim_{t\to\rho+} \boldsymbol{f}(t,\boldsymbol{x}_2(t)) = \lim_{t\to\rho+} \boldsymbol{x}_2'(t)$

任意性より (5.2) は $[0,T]$ 上で C^1 級の解 $\boldsymbol{x}(t)$ を持ち

$$\max_{0 \leqq t \leqq T} |\boldsymbol{x}(t)| \leqq C(T, \boldsymbol{x}_0)$$

が成り立つ．また，解の一意性は解の一意性定理から分かる． ■

任意の初期値に対する大域解の存在は期待できなくても，何らかの制限を課すことで，大域解の存在を示せることがある．そこで，別タイプのアプリオリ評価を準備しておこう．

アプリオリ評価 B：任意の $T > 0$ に対して，$\boldsymbol{x}(t)$ が区間 $[0,S]$ $(S \leqq T)$ 上で初期値問題 (5.2) の解であり，定数 $\beta(T) > 0$ が存在して

$$\text{(i)} \quad \max_{0 \leqq t \leqq S} |\boldsymbol{x}(t)| \leqq \beta(T) \qquad (\text{または (ii)} \quad |\boldsymbol{x}_0| \leqq \beta(T))$$

であるならば，定数 $C_0(T), C_1(T) \geqq 0$ が存在して

$$\max_{0 \leqq t \leqq S} |\boldsymbol{x}(t)| \leqq C_0(T)|\boldsymbol{x}_0| + C_1(T) \quad \text{かつ} \quad 2C_1(T) < \beta(T)$$

とできる．

アプリオリ評価 B を持つ初期値問題は，小さな初期値に対して大域解を持つことが分かる．

定 理 5.3（**大域解の存在 B**）　$\boldsymbol{f}(t, \boldsymbol{x})$ は連続とする．このとき，初期値問題 (5.2) がアプリオリ評価 B を持つならば，ある定数 $\delta > 0$ が存在して $|\boldsymbol{x}_0| \leqq \delta$ の下で (5.2) は C^1 級の大域解 $\boldsymbol{x}(t)$ を持つ．さらに，$\boldsymbol{f}(t, \boldsymbol{x})$ が $\boldsymbol{x}$ について C^1 級ならば解は一意的である．

注意　$\boldsymbol{f}(t, \boldsymbol{x})$ の条件は弱めることができて，$\boldsymbol{f}(t, \boldsymbol{x})$ が $\boldsymbol{R}^+ \times \boldsymbol{R}^n$ 上の任意の有界閉領域上で $\boldsymbol{x}$ についてリプシッツ連続ならば解は一意的である．

証明　アプリオリ評価 B の条件 (i) の場合のみ示す．条件 (ii) の場合も同様に示せる．

$T > 0$ を任意にとって固定し，アプリオリ評価 B の下で

$$\delta = \min\left\{ \frac{\beta(T)}{2}, \frac{\beta(T) - 2C_1(T)}{2C_0(T)} \right\}, \quad K = \frac{\beta(T)}{2}$$

とする．

仮定より $|\boldsymbol{x}_0| \leqq \delta \leqq \frac{\beta(T)}{2} = K$ だから定理 5.1 より定数 $\rho = \rho(K) > 0$ が存在して，(5.2) は $[0, \rho]$ 上で C^1 級の解 $\boldsymbol{x}(t)$ を持ち

$$\max_{0 \leqq t \leqq \rho} |\boldsymbol{x}(t)| \leqq 2K = \beta(T) \qquad (\text{特に } |\boldsymbol{x}(\rho)| \leqq \beta(T))$$

となる．そこで，$S = \rho$ としてアプリオリ評価 B を用いると

$$\max_{0 \leqq t \leqq \rho} |\boldsymbol{x}(t)| \leqq C_0(T)|\boldsymbol{x}_0| + C_1(T)$$

が成り立つ．

次に，$t = \rho$ における解 $\boldsymbol{x}(\rho)$ を初期値として (5.1) の初期値問題を考えると

$$|\boldsymbol{x}(\rho)| \leqq C_0(T)|\boldsymbol{x}_0| + C_1(T) \leqq C_0(T)\delta + C_1(T) \leqq \frac{\beta(T)}{2} = K$$

だから定理 5.1 より初期値問題は $[\rho, 2\rho]$ 上で C^1 級の解 $\boldsymbol{x}_2(t)$ を持ち

$$\max_{\rho \leqq t \leqq 2\rho} |\boldsymbol{x}_2(t)| \leqq 2K = \beta(T)$$

となる．ここで，$\boldsymbol{x}(t)$ $(0 \leqq t \leqq \rho)$ と $\boldsymbol{x}_2(t)$ $(\rho \leqq t \leqq 2\rho)$ を繋いで延長し，延長した関数を改めて $\boldsymbol{x}(t)$ $(0 \leqq t \leqq 2\rho)$ とすると（方程式を利用した微分可能性の議論を経て）$\boldsymbol{x}(t)$ は (5.2) の $[0, 2\rho]$ 上の解となり

$$\max_{0 \leqq t \leqq 2\rho} |\boldsymbol{x}(t)| \leqq 2K = \beta(T) \qquad (\text{特に } |\boldsymbol{x}(2\rho)| \leqq \beta(T))$$

となる．再び，$S = 2\rho$ としてアプリオリ評価 B を用いると

$$\max_{0 \leqq t \leqq 2\rho} |\boldsymbol{x}(t)| \leqq C_0(T)|\boldsymbol{x}_0| + C_1(T)$$

が成り立つ．

この議論を繰り返して $\boldsymbol{x}(t)$ $(0 \leqq t \leqq (n-1)\rho)$ と $\boldsymbol{x}_n(t)$ $((n-1)\rho \leqq t \leqq n\rho)$ を構成し，これらを滑らかに繋いで延長する．延長した関数を改めて $\boldsymbol{x}(t)$ $(0 \leqq t \leqq n\rho)$ とすると，$\boldsymbol{x}(t)$ は (5.2) の $[0, n\rho]$ 上の解となる．従って，n の任意性より (5.2) は $[0, T]$ 上で C^1 級の解 $\boldsymbol{x}(t)$ を持ち

$$\max_{0 \leqq t \leqq T} |\boldsymbol{x}(t)| \leqq C_0(T)|\boldsymbol{x}_0| + C_1(T)$$

が成り立つ．また，解の一意性は解の一意性定理から分かる．　■

注意 アプリオリ評価（先験的評価）とは，初期条件等のあらかじめ与えられた量のみから未確定の解に対して適切な評価式を導いたもののことである．アプリオリ評価Bの条件 (i) は未確定の解にも依存した量になっていることから，条件 (i) の場合の評価のことをアポステアリ（a-posteriori）評価（後験的評価）ということもある．

♦ ヤング（Young）の不等式 ♦

微分方程式の解を評価するときに役に立つ不等式を準備しておこう．

定理 5.4（ヤングの不等式） $1 < p,\, q < \infty$ かつ $\dfrac{1}{p} + \dfrac{1}{q} = 1$ とする．このとき $x \geqq 0,\, y \geqq 0$ に対して

$$xy \leqq \frac{1}{p}\, x^p + \frac{1}{q}\, y^q \qquad \left(\text{特に，} xy \leqq \frac{1}{2}\, x^2 + \frac{1}{2}\, y^2\right) \tag{5.3}$$

が成り立つ．さらに，$\varepsilon > 0$ に対して

$$xy \leqq \varepsilon\, x^p + C_\varepsilon\, y^q \qquad \left(\text{特に，} xy \leqq \varepsilon\, x^2 + \frac{1}{4\varepsilon}\, y^2\right) \tag{5.4}$$

が成り立つ．ただし，$C_\varepsilon = q^{-q}(q-1)^{q-1}\varepsilon^{-(q-1)}$ である．

証明 $f(x)$ が凸関数ならば，$0 \leqq \theta \leqq 1$ のとき

$$f(\theta x + (1-\theta)y) \leqq \theta f(x) + (1-\theta) f(y)$$

だから，$1 < p, q < \infty$, $\frac{1}{p} + \frac{1}{q} = 1$ のとき，凸関数 $f(x) = e^x$ は

$$e^{\frac{1}{p}x + \frac{1}{q}y} \leqq \frac{1}{p}e^x + \frac{1}{q}e^y$$

を満たす．

従って，$x, y > 0$ のとき $x = e^{\log x} = e^{\frac{1}{p}\log x^p}$, $y = e^{\log y} = e^{\frac{1}{q}\log x^q}$ だから

$$\begin{aligned} xy &= e^{\frac{1}{p}\log x^p} e^{\frac{1}{q}\log x^q} = e^{\frac{1}{p}\log x^p + \frac{1}{q}\log x^q} \\ &\leqq \frac{1}{p}e^{\log x^p} + \frac{1}{q}e^{\log x^q} = \frac{1}{p}x^p + \frac{1}{q}y^q \end{aligned}$$

すなわち (5.3) が成り立つ．さらに，$\varepsilon > 0$ に対して，(5.3) より

$$xy = (p\varepsilon)^{\frac{1}{p}} x \cdot (p\varepsilon)^{-\frac{1}{p}} y \leqq \frac{1}{p}(p\varepsilon)^{\frac{p}{p}} x^p + \frac{1}{q}(p\varepsilon)^{-\frac{q}{p}} y^q = \varepsilon x^p + C_\varepsilon y^q$$

$(C_\varepsilon = q^{-1}(p\varepsilon)^{-\frac{q}{p}} = q^{-q}(q-1)^{q-1}\varepsilon^{-(q-1)})$ すなわち (5.4) が成り立つ．　■

注意　$a \geqq 0, b \geqq 0$ に対する不等式 $(a+b)^2 \leqq 2(a^2+b^2)$ や $(a+b)^{\frac{1}{2}} \leqq a^{\frac{1}{2}} + b^{\frac{1}{2}}$ などもよく利用される．

問 5.1　実数 x, y, z に対して，次の不等式を示せ．

(1) $x^2 + y^2 \leqq 2x^2 + 5y^2 - 4xy \leqq 6(x^2 + y^2)$

(2) $x^4 + 3y^4 + 4xy^3 \geqq 0$

(3) $x^4 + 2y^2 \leqq 8yz$　ならば $x^4 + y^2 \leqq 16z^2$

(4) $x^2 + 3y^4 \leqq 2yz^3 + 2y^3z$　ならば $x^2 + y^4 \leqq 2z^4$

5.2　2 階非線形微分方程式の大域解

♦ 非線形振動モデル ♦

非線形電気回路の数理モデルとしても知られているダッフィング (**Duffing**) 方程式に対する初期値問題

$$\begin{cases} x'' + px' + kx + \ell x^3 = f(t), \quad t \geqq 0 \\ x(0) = x_0, \quad x'(0) = x_1 \end{cases} \tag{5.5}$$

を考える．ただし，p, k, ℓ は定数，$f(t)$ は連続関数とする．

ここで，$y = x'$, $y_0 = x_1$ とおくと

$$\begin{cases} \text{(a)} \quad x' = y \\ \text{(b)} \quad y' = -kx - \ell x^3 - py + f(t) \\ \text{(c)} \quad x(0) = x_0, \quad y(0) = y_0 \end{cases} \tag{5.6}$$

すなわち $\boldsymbol{x}' = \boldsymbol{f}(t, \boldsymbol{x})$, $\boldsymbol{x}(0) = \boldsymbol{x}_0$ を得る．ただし

$$\boldsymbol{x} = \begin{pmatrix} x \\ y \end{pmatrix}, \quad \boldsymbol{f}(t, \boldsymbol{x}) = \begin{pmatrix} y \\ -kx - \ell x^3 - py + f(t) \end{pmatrix}, \quad \boldsymbol{x}_0 = \begin{pmatrix} x_0 \\ y_0 \end{pmatrix}$$

である．$\boldsymbol{f}(t, \boldsymbol{x})$ は連続かつ $\boldsymbol{x}$ について C^1 級だから初期値問題 (5.6) は一意

的な局所解 $\boldsymbol{x}(t)$ を持つ.

$\ell = 0$ のときは，線形微分方程式だから大域解の存在は分かっている．一方，$\ell \neq 0$ のときは，アプリオリ評価を持つことが示せれば大域解の存在が分かる.

♦ 任意の初期値に対する大域解の存在例 ♦

アプリオリ評価 A を導き，任意の初期値に対する大域解の存在を示す.

例 5.1 $p = 1, k = 0, \ell = 1, f(t) \equiv 0$ の場合：

$$\begin{cases} \text{(a)} \quad x' = y \\ \text{(b)} \quad y' = -x^3 - y \\ \text{(c)} \quad x(0) = x_0\,, \quad y(0) = y_0 \end{cases} \tag{5.7}$$

を考える．(5.7) はアプリオリ評価 A を持つことを示そう.

解 $\boldsymbol{x}(t) = {}^t(x(t), y(t))$ を区間 $I = [0, T]$ 上の解とする．(5.7b) に y を掛けると，$y = x'$ より $yy' = -x^3x' - y^2$ すなわち $\frac{1}{2}(y^2)' = -\frac{1}{4}(x^4)' - y^2$ だから

$$\frac{d}{dt}\left(\frac{1}{2}y^2 + \frac{1}{4}x^4\right) = -y^2$$

これを 0 から t まで積分すると

$$\begin{aligned} \frac{1}{2}y(t)^2 + \frac{1}{4}x(t)^4 &= \frac{1}{2}y_0^2 + \frac{1}{4}x_0^4 - \int_0^t y(s)^2\,ds \\ &\leqq \frac{1}{2}y_0^2 + \frac{1}{4}x_0^4 \end{aligned}$$

となり

$$\max_{0 \leqq t \leqq T} y(t)^2 \leqq y_0^2 + \frac{1}{2}x_0^4, \qquad \max_{0 \leqq t \leqq T} x(t)^2 \leqq \left(2y_0^2 + x_0^4\right)^{\frac{1}{2}}$$

を得る．従って，$|\boldsymbol{x}| = (x^2 + y^2)^{\frac{1}{2}}$ より定数 $C(\boldsymbol{x}_0) > 0$ が存在して

$$\max_{0 \leqq t \leqq T} |\boldsymbol{x}(t)| \leqq C(\boldsymbol{x}_0)$$

とできる．これはアプリオリ評価 A を意味する．よって，(5.7) は一意的な大域解 $\boldsymbol{x}(t) = {}^t(x(t), y(t))$ を持つ. ■

注意 T の任意性より解 $\boldsymbol{x}(t)$ は有界な大域解となる.

例 5.2　$p = k = 0, \ell = 1$ の場合：

$$\begin{cases} \text{(a)} \quad x' = y \\ \text{(b)} \quad y' = -x^3 + f(t) \\ \text{(c)} \quad x(0) = x_0, \quad y(0) = y_0 \end{cases} \tag{5.8}$$

を考える．(5.8) はアプリオリ評価 A を持つことを示そう．

解　$\boldsymbol{x}(t) = {}^t(x(t), y(t))$ を区間 $I = [0, T]$ 上の解とする．(5.8b) に y を掛けると，$y = x'$ より $yy' = -x^3x' + f(t)y$ すなわち $\frac{1}{2}(y^2)' = -\frac{1}{4}(x^4)' + f(t)y$ だから

$$\frac{d}{dt}\left(\frac{1}{2}y^2 + \frac{1}{4}x^4\right) = f(t)y$$

これを 0 から t まで積分すると

$$\begin{aligned} \frac{1}{2}y(t)^2 + \frac{1}{4}x(t)^4 &= \frac{1}{2}y_0^2 + \frac{1}{4}x_0^4 + \int_0^t f(s)y(s)\,ds \\ &\leqq \frac{1}{2}y_0^2 + \frac{1}{4}x_0^4 + \int_0^T |f(t)|\,dt \cdot \max_{0 \leqq t \leqq T} |y(t)| \end{aligned}$$

だからヤングの不等式より

$$\begin{aligned} &\frac{1}{2}\max_{0 \leqq t \leqq T} y(t)^2 + \frac{1}{4}\max_{0 \leqq t \leqq T} x(t)^4 \\ &\quad \leqq \frac{1}{2}y_0^2 + \frac{1}{4}x_0^4 + \left(\int_0^T |f(t)|\,dt\right)^2 + \frac{1}{4}\max_{0 \leqq t \leqq T} y(t)^2 \end{aligned}$$

となり

$$\frac{1}{4}\max_{0 \leqq t \leqq T} y(t)^2 + \frac{1}{4}\max_{0 \leqq t \leqq T} x(t)^4 \leqq \frac{1}{2}y_0^2 + \frac{1}{4}x_0^4 + \left(\int_0^T |f(t)|\,dt\right)^2$$

従って，$|\boldsymbol{x}| = (x^2 + y^2)^{\frac{1}{2}}$ より定数 $C(T, \boldsymbol{x}_0) > 0$ が存在して

$$\max_{0 \leqq t \leqq T} |\boldsymbol{x}(t)| \leqq C(T, \boldsymbol{x}_0)$$

とできる．これはアプリオリ評価 A を意味する．よって，(5.8) は一意的な大域解 $\boldsymbol{x}(t) = {}^t(x(t), y(t))$ を持つ．■

注意　$\displaystyle\int_0^\infty |f(t)|\,dt < \infty$ ならば定数 $C(T, \boldsymbol{x}_0)$ は T に依存しないので，解 $\boldsymbol{x}(t)$ は有界な大域解となる．

注意　$p \geqq 0,\ k \geqq 0,\ \ell \geqq 0,\ p+k+\ell > 0$ のとき初期値問題 (5.5) はアプリオリ評価 A を持つことが示せる．

問 5.2　次の初期値問題がアプリオリ評価 A を持つことを示し，大域解の存在を示せ．ただし，$f(t)$ は連続関数とする．

(1) $x'' + x' + 2x + 4x^3 = 0,\ x(0) = x_0,\ x'(0) = x_1$

(2) $x'' + 2x + x^3 = e^t \sin t,\ x(0) = x_0,\ x'(0) = x_1$

(3) $x'' + x' + 3x^5 = 4f(t),\ x(0) = x_0,\ x'(0) = x_1$

(4) $x'' + 4x^3 + 6x^5 = f(t),\ x(0) = x_0,\ x'(0) = x_1$

♦ 小さな初期値に対する大域解の存在例 ♦

アプリオリ評価 A を持つことが期待できない初期値問題の場合であっても，アプリオリ評価 B を持つことが示せれば，小さな初期値に対する大域解の存在が示せる．

例 5.3　$p = 0, k = 1, \ell = -1, f(t) \equiv 0$ の場合：

$$\begin{cases} \text{(a)} \quad x' = y \\ \text{(b)} \quad y' = -x + x^3 \\ \text{(c)} \quad x(0) = x_0, \quad y(0) = y_0 \end{cases} \tag{5.9}$$

を考える．(5.9) はアプリオリ評価 B を持つことを示そう．

解　$\boldsymbol{x}(t) = {}^t(x(t), y(t))$ を区間 $I = [0, T]$ 上の解とする．(5.9b) に y を掛けると，$y = x'$ より $yy' = -xx' + x^3x'$ だから

$$\frac{d}{dt}\left(\frac{1}{2}y^2 + \frac{1}{2}x^2 - \frac{1}{4}x^4\right) = 0$$

これを 0 から t まで積分すると

$$\frac{1}{2}y(t)^2 + \frac{1}{2}x(t)^2 - \frac{1}{4}x(t)^4 = \frac{1}{2}y_0^2 + \frac{1}{2}x_0^2 - \frac{1}{4}x_0^4$$

となり

$$\frac{1}{2}y(t)^2 + \frac{1}{2}x(t)^2\left(1 - \frac{1}{2}x(t)^2\right) \leqq \frac{1}{2}y_0^2 + \frac{1}{2}x_0^2$$

を得る．ここで

$$\max_{0 \leqq t \leqq T} |\boldsymbol{x}(t)| = \max_{0 \leqq t \leqq T} \left(x(t)^2 + y(t)^2\right)^{\frac{1}{2}} \leqq 1$$

を仮定すると $\max_{0 \leqq t \leqq T} |x(t)| \leqq 1$ だから

$$\frac{1}{2}y(t)^2 + \frac{1}{4}x(t)^2 \leqq \frac{1}{2}y_0^2 + \frac{1}{2}x_0^2$$

従って

$$\max_{0 \leqq t \leqq T} |\boldsymbol{x}(t)| \leqq \sqrt{2}\,|\boldsymbol{x}_0|$$

が成り立つ．これはアプリオリ評価 B を意味する．よって，ある定数 $\delta > 0$ が存在して，$|\boldsymbol{x}_0| \leqq \delta$ ならば (5.9) は一意的な大域解 $\boldsymbol{x}(t) = {}^t(x(t), y(t))$ を持つ． ■

注意　δ として $\delta = \sqrt{2}/4$ がとれる．

例 5.4　$p = k = 1, \ell = -1, f(t) = e^{-32t}$ の場合：

$$\begin{cases} \text{(a)} \quad x' = y \\ \text{(b)} \quad y' = -x + x^3 - y + e^{-32t} \\ \text{(c)} \quad x(0) = x_0, \quad y(0) = y_0 \end{cases} \tag{5.10}$$

を考える．(5.10) はアプリオリ評価 B を持つことを示そう．

解　$\boldsymbol{x}(t) = {}^t(x(t), y(t))$ を区間 $I = [0, T]$ 上の解とする．(5.10b) に y を掛けると，$y = x'$ より $yy' = -xx' + x^3x' - y^2 + f(t)y$ だから

$$\frac{d}{dt}\left(\frac{1}{2}y^2 + \frac{1}{2}x^2 - \frac{1}{4}x^4\right) = -y^2 + f(t)y$$

これを 0 から t まで積分すると

$$\frac{1}{2}y(t)^2 + \frac{1}{2}x(t)^2 - \frac{1}{4}x(t)^4$$
$$= \frac{1}{2}y_0^2 + \frac{1}{2}x_0^2 - \frac{1}{4}x_0^4 - \int_0^t y(s)^2\,ds + \int_0^t f(s)y(s)\,ds$$

となり

$$\frac{1}{2}y(t)^2 + \frac{1}{2}x(t)^2\left(1 - \frac{1}{2}x(t)^2\right) \leqq \frac{1}{2}y_0^2 + \frac{1}{2}x_0^2 + \int_0^T |f(t)|\,dt \cdot \max_{0\leqq t\leqq T}|y(t)|$$

を得る．ここで

$$\max_{0\leqq t\leqq T}|\boldsymbol{x}(t)| = \max_{0\leqq t\leqq T}\left(x(t)^2 + y(t)^2\right)^{\frac{1}{2}} \leqq 1$$

を仮定すると $\max_{0\leqq t\leqq T}|x(t)| \leqq 1$, $\max_{0\leqq t\leqq T}|y(t)| \leqq 1$ だから

$$\frac{1}{2}y(t)^2 + \frac{1}{4}x(t)^2 \leqq \frac{1}{2}y_0^2 + \frac{1}{2}x_0^2 + \int_0^T |f(t)|\,dt$$

また

$$\int_0^\infty |f(t)|\,dt = \int_0^\infty e^{-32t}dt = \frac{1}{32} \tag{5.11}$$

従って

$$\max_{0\leqq t\leqq T}|\boldsymbol{x}(t)| \leqq \sqrt{2}\,|\boldsymbol{x}_0| + \frac{\sqrt{2}}{4}$$

が成り立つ．これはアプリオリ評価 B を意味する．よって，ある定数 $\delta > 0$ が存在して，$|\boldsymbol{x}_0| \leqq \delta$ ならば (5.10) は一意的な大域解 $\boldsymbol{x}(t) = {}^t(x(t), y(t))$ を持つ． ■

注意　δ として $\delta = (\sqrt{2} - 1)/4$ がとれる．

問 5.3　次の初期値問題がアプリオリ評価 B を持つことを示し，小さな初期値に対する大域解の存在を示せ．

(1) $x'' + x' + x - x^5 = 0$, $x(0) = x_0$, $x'(0) = x_1$

(2) $x'' + x - 4x^3 = 0$, $x(0) = x_0$, $x'(0) = x_1$

(3) $x'' + 2x - 2x^3 = e^{-9t}$, $x(0) = x_0$, $x'(0) = x_1$

(4) $x'' + 2x - x^3 - x^5 = (1 + t)^{-8}$, $x(0) = x_0$, $x'(0) = x_1$

5.3　エネルギー法と解の減衰

♦ エネルギー（energy）法 ♦

線形の減衰振動モデル $x'' + px' + kx = 0$ $(p > 0,\ k > 0)$ は明示的に一般解が求まるので $t \to \infty$ における解の挙動が具体的に分かる．例えば，解 $x(t)$ は指数関数的に減衰することが分かる．実際，(1.18) に対する議論からある定数 $C > 0$ と $\nu > 0$ が存在して

$$x(t)^2 + x'(t)^2 \leqq Ce^{-\nu t} \qquad (t \geqq 0)$$

が成り立つ．ダッフィング方程式 (5.5) は，$\ell \neq 0$ のとき非線形となり明示的に解を求めることができないので，何か別の方法で解の挙動を調べる必要がある．ここでは，$p > 0$ のとき**エネルギー法**を用いて解の減衰の様子を調べることにする．エネルギー法とは，微分方程式の持つ種々の保存量を利用して，解やエネルギーをうまく評価する方法のことである．実は，大域解の存在について考察した例 5.1〜例 5.4 でも，アプリオリ評価を導くために微分方程式の保存量を利用している．

例 5.5　$p = k = \ell = 1,\ f(t) \equiv 0$ の場合：

$$\begin{cases} \text{(a)} \;\; x' = y \\ \text{(b)} \;\; y' = -x - x^3 - y \\ \text{(c)} \;\; x(0) = x_0, \quad y(0) = y_0 \end{cases} \tag{5.12}$$

を考える．(5.12) の解は指数関数的に減衰することを示そう．

解　$\boldsymbol{x}(t) = {}^t(x(t), y(t))$ を解とする．(5.12b) に y を掛けると，$y = x'$ より $yy' = -xx' - x^3x' - y^2$ だから

$$\frac{d}{dt}\left(\frac{1}{2}y^2 + \frac{1}{2}x^2 + \frac{1}{4}x^4\right) + y^2 = 0$$

ここで，(5.12) のエネルギー $E(t)$ と初期エネルギー E_0 を

$$E(t) = \frac{1}{2}y(t)^2 + \frac{1}{2}x(t)^2 + \frac{1}{4}x(t)^4, \quad E_0 = \frac{1}{2}y_0^2 + \frac{1}{2}x_0^2 + \frac{1}{4}x_0^4$$

と定めると

$$\frac{d}{dt}E(t) + y(t)^2 = 0 \tag{5.13}$$

これを0からtまで積分すると

$$E(t) \leqq E_0 \quad \text{すなわち} \quad \frac{1}{2}y(t)^2 + \frac{1}{2}x(t)^2 + \frac{1}{4}x(t)^4 \leqq E_0$$

を得る．これはアプリオリ評価Aを意味する．よって，(5.12)は一意的な大域解$\boldsymbol{x}(t) = {}^t(x(t), y(t))$を持つ．

次に，(5.12b)にxを掛けると，$y = x'$より$xy' = -x^2 - x^4 - xx'$だから

$$\frac{d}{dt}\left(\frac{1}{2}x^2 + xy\right) - y^2 + x^2 + x^4 = 0 \tag{5.14}$$

また，(5.13) + (5.14) $\times \frac{1}{2}$より

$$\frac{d}{dt}F(t) + G(t) = 0 \tag{5.15}$$

ここで

$$F(t) = E(t) + \frac{1}{4}x(t)^2 + \frac{1}{2}x(t)y(t)$$
$$G(t) = \frac{1}{2}y(t)^2 + \frac{1}{2}x(t)^2 + \frac{1}{2}x(t)^4$$

また，ヤングの不等式より$|xy| \leqq \frac{1}{2}x^2 + \frac{1}{2}y^2$だから

$$F(t) \leqq E(t) + \frac{1}{4}y(t)^2 + \frac{1}{2}x(t)^2 \leqq 2E(t)$$
$$F(t) \geqq E(t) - \frac{1}{4}y(t)^2 \geqq \frac{1}{2}E(t)$$
$$G(t) \geqq E(t) \geqq \frac{1}{2}F(t)$$

このとき(5.15)より

$$\frac{d}{dt}F(t) + \nu F(t) \leqq 0\,, \quad \nu = \frac{1}{2}$$

を得る．この微分不等式の両辺に積分因子$e^{\nu t}$を掛けると

$$\frac{d}{dt}\left(e^{\nu t}F(t)\right) = e^{\nu t}\left(\frac{d}{dt}F(t) + \nu F(t)\right) \leqq 0$$

これを0からtまで積分すると$e^{\nu t}F(t) \leqq F(0)$だから

$$\frac{1}{2}E(t) \leqq F(t) \leqq F(0)e^{-\nu t} \leqq 2E_0 e^{-\nu t}$$

従って

$$\frac{1}{2}y(t)^2 + \frac{1}{2}x(t)^2 + \frac{1}{4}x(t)^4 = E(t) \leqq 4E_0 e^{-\nu t}$$

を得る．よって，(5.12) の解 $\boldsymbol{x}(t) = {}^t(x(t), y(t))$ は指数関数的に減衰する．■

例 5.6　$p = k = 1$, $\ell = -1$, $f(t) \equiv 0$ の場合：

$$\begin{cases} \text{(a)} \quad x' = y \\ \text{(b)} \quad y' = -x + x^3 - y \\ \text{(c)} \quad x(0) = x_0, \quad y(0) = y_0 \end{cases} \tag{5.16}$$

を考える．小さな初期値に対して (5.16) の解は指数関数的に減衰することを示そう．

解　$\boldsymbol{x}(t) = {}^t(x(t), y(t))$ を区間 $[0, T]$ 上の解とする．(5.16b) に y を掛けると，$y = x'$ より $yy' = -xx' + x^3x' - y^2$ だから

$$\frac{d}{dt}\left(\frac{1}{2}y^2 + \frac{1}{2}x^2 - \frac{1}{4}x^4\right) + y^2 = 0$$

ここで，(5.16) のエネルギー $E(t)$ と初期エネルギー E_0 を

$$E(t) = \frac{1}{2}y(t)^2 + \frac{1}{2}x(t)^2\left(1 - \frac{1}{2}x(t)^2\right), \quad E_0 = \frac{1}{2}y_0^2 + \frac{1}{2}x_0^2\left(1 - \frac{1}{2}x_0^2\right)$$

と定めると

$$\frac{d}{dt}E(t) + y(t)^2 = 0 \tag{5.17}$$

これを 0 から t まで積分すると

$$E(t) + \int_0^t y(s)^2\,ds = E_0$$

を得る．ここで

$$\max_{0 \leqq t \leqq T} |\boldsymbol{x}(t)| = \max_{0 \leqq t \leqq T} \left(y(t)^2 + x(t)^2\right)^{\frac{1}{2}} \leqq \frac{1}{\sqrt{2}}$$

を仮定すると

$$\frac{1}{2}y(t)^2 + \frac{1}{4}x(t)^2 \leqq E(t) \leqq E_0 \leqq \frac{1}{2}y_0^2 + \frac{1}{2}x_0^2$$

が成り立つ．これはアプリオリ評価Bを意味する．よって，ある定数 $\delta > 0$ が存在して，$|\boldsymbol{x}_0| \leqq \delta$ ならば (5.16) は一意的な大域解 $\boldsymbol{x}(t) = {}^t(x(t), y(t))$ を持ち

$$\frac{1}{2}y(t)^2 + \frac{1}{4}x(t)^2 \leqq E(t) \leqq \frac{1}{2}y(t)^2 + \frac{1}{2}x(t)^2 \ (\leqq 1) \tag{5.18}$$

を満たす．

次に，(5.16b) に x を掛けると，$y = x'$ より $xy' = -x^2 + x^4 - xx'$ だから

$$\frac{d}{dt}\left(\frac{1}{2}x^2 + xy\right) - y^2 + x^2 - x^4 = 0 \tag{5.19}$$

また，(5.17) + (5.19) $\times \frac{1}{2}$ より

$$\frac{d}{dt}F(t) + G(t) = 0 \tag{5.20}$$

ここで

$$F(t) = E(t) + \frac{1}{4}x(t)^2 + \frac{1}{2}x(t)y(t)$$
$$G(t) = \frac{1}{2}y(t)^2 + \frac{1}{2}x(t)^2(1 - x(t)^2)$$

また，ヤングの不等式より $|xy| \leqq \frac{1}{2}x^2 + \frac{1}{2}y^2$ だから (5.18) より

$$F(t) \leqq E(t) + \frac{1}{4}y(t)^2 + \frac{1}{2}x(t)^2 \leqq 3E(t)$$
$$F(t) \geqq E(t) - \frac{1}{4}y(t)^2 \geqq \frac{1}{2}E(t)$$
$$G(t) \geqq \frac{1}{2}E(t) \geqq \frac{1}{6}F(t)$$

このとき (5.20) より

$$\frac{d}{dt}F(t) + \nu F(t) \leqq 0, \quad \nu = \frac{1}{6}$$

を得る．この微分不等式の両辺に積分因子 $e^{\nu t}$ を掛けると

$$\frac{d}{dt}\left(e^{\nu t}F(t)\right) = e^{\nu t}\left(\frac{d}{dt}F(t) + \nu F(t)\right) \leqq 0$$

これを 0 から t まで積分すると $e^{\nu t}F(t) \leqq F(0)$ だから

$$\frac{1}{2}E(t) \leqq F(t) \leqq F(0)e^{-\nu t} \leqq 3E_0 e^{-\nu t}$$

従って

$$\frac{1}{2}y(t)^2 + \frac{1}{4}x(t)^2 \leqq E(t) \leqq 6E_0 e^{-\nu t}$$

を得る．よって，$|\boldsymbol{x}_0| \leqq \delta$ の下で (5.16) の解 $\boldsymbol{x}(t) = {}^t(x(t), y(t))$ は指数関数的に減衰する． ■

例 5.7　$p=1,\ k=0,\ \ell=1,\ f(t) \equiv 0$ の場合：

$$\begin{cases} \text{(a)} \quad x' = y \\ \text{(b)} \quad y' = -x^3 - y \\ \text{(c)} \quad x(0) = x_0\,, \quad y(0) = y_0 \end{cases} \tag{5.21}$$

を考える．(5.21) の解は代数関数的に減衰することを示そう．

解　$\boldsymbol{x}(t) = {}^t(x(t), y(t))$ を解とする．(5.21b) に y を掛けると，$y = x'$ より $yy' = -x^3x' - y^2$ だから

$$\frac{d}{dt}\left(\frac{1}{2}y^2 + \frac{1}{4}x^4\right) + y^2 = 0$$

ここで，(5.21) のエネルギー $E(t)$ と初期エネルギー E_0 を

$$E(t) = \frac{1}{2}y(t)^2 + \frac{1}{4}x(t)^4\,, \quad E_0 = \frac{1}{2}y_0^2 + \frac{1}{4}x_0^4$$

と定めると

$$\frac{d}{dt}E(t) + y(t)^2 = 0 \tag{5.22}$$

これを 0 から t まで積分すると

$$E(t) \leqq E_0 \quad \text{すなわち} \quad \frac{1}{2}y(t)^2 + \frac{1}{4}x(t)^4 \leqq E_0$$

を得る．これはアプリオリ評価 A を意味する．よって，(5.21) は一意的な大域解 $\boldsymbol{x}(t) = {}^t(x(t), y(t))$ を持つ．

次に，(5.21b) に x を掛けると，$y = x'$ より $xy' = -x^4 - xx'$ だから

$$\frac{d}{dt}\left(\frac{1}{2}x^2 + xy\right) - y^2 + x^4 = 0 \tag{5.23}$$

また，(5.22) + (5.23) $\times \frac{1}{2}$ より

$$\frac{d}{dt}F(t) + G(t) = 0 \tag{5.24}$$

ここで

$$F(t) = E(t) + \frac{1}{4}x(t)^2 + \frac{1}{2}x(t)y(t)$$
$$G(t) = \frac{1}{2}y(t)^2 + \frac{1}{2}x(t)^4$$

また，ヤングの不等式より $|xy| \leqq \frac{1}{2}x^2 + \frac{1}{2}y^2$ だから

$$F(t) \leqq E(t) + \frac{1}{4}y(t)^2 + \frac{1}{2}x(t)^2 \leqq (2E(t)^{\frac{1}{2}} + 1)E(t)^{\frac{1}{2}}$$
$$F(t) \geqq E(t) - \frac{1}{4}y(t)^2 \geqq \frac{1}{2}E(t)$$
$$G(t) \geqq E(t)$$

さらに，$E(t) \leqq E_0$ だから，$\nu = (2E_0^{\frac{1}{2}} + 1)^{-2}$ とおくと

$$F(t)^2 \leqq \left(2E_0^{\frac{1}{2}} + 1\right)^2 E(t) \leqq \nu^{-1}G(t), \quad \nu > 0$$

が成り立つ．このとき (5.24) より

$$\frac{d}{dt}F(t) + \nu F(t)^2 \leqq 0, \quad \nu > 0$$

を得る．$F(t) > 0$ として，この微分不等式に $F(t)^{-2}$ を掛けると

$$F(t)^{-2}\frac{d}{dt}F(t) + \nu \leqq 0 \quad \text{すなわち} \quad \frac{d}{dt}F(t)^{-1} \geqq \nu$$

これを 0 から t まで積分すると $F(t)^{-1} \geqq F(0)^{-1} + \nu t$ だから

$$\frac{1}{2}E(t) \leqq F(t) \leqq (F(0)^{-1} + \nu t)^{-1}$$

従って，ある定数 $C(x_0, y_0) > 0$ が存在して

$$\frac{1}{2}y(t)^2 + \frac{1}{4}x(t)^4 = E(t) \leqq C(x_0, y_0)(1+t)^{-1}$$

を得る．よって，解 $\boldsymbol{x}(t) = {}^t(x(t), y(t))$ は代数関数的に減衰する． ■

例 5.8 $p = k = \ell = 1$, $f(t) = (1+t)^{-1}$ の場合：

$$\begin{cases} \text{(a)} \quad x' = y \\ \text{(b)} \quad y' = -x - x^3 - y + (1+t)^{-1} \\ \text{(c)} \quad x(0) = x_0, \quad y(0) = y_0 \end{cases} \tag{5.25}$$

を考える．(5.25) の解は代数関数的に減衰することを示そう．

解 $\boldsymbol{x}(t) = {}^t(x(t), y(t))$ を解とする．(5.25b) に y を掛けると，$y = x'$ より $yy' = -xx' - x^3x' - y^2 + (1+t)^{-1}y$ だから

$$\frac{d}{dt}\left(\frac{1}{2}y^2 + \frac{1}{2}x^2 + \frac{1}{4}x^4\right) + y^2 = (1+t)^{-1}y$$

ここで，(5.25) のエネルギー $E(t)$ と初期エネルギー E_0 を

$$E(t) = \frac{1}{2}y(t)^2 + \frac{1}{2}x(t)^2 + \frac{1}{4}x(t)^4, \quad E_0 = \frac{1}{2}y_0^2 + \frac{1}{2}x_0^2 + \frac{1}{4}x_0^4$$

と定めると

$$\frac{d}{dt}E(t) + y(t)^2 = (1+t)^{-1}y(t) \tag{5.26}$$

また，ヤングの不等式より $(1+t)^{-1}y \leqq \frac{1}{2}(1+t)^{-2} + \frac{1}{2}y^2$ だから

$$\frac{d}{dt}E(t) + \frac{1}{2}y(t)^2 \leqq \frac{1}{2}(1+t)^{-2}$$

これを 0 から t まで積分すると

$$E(t) \leqq E_0 + \frac{1}{2} \quad \text{すなわち} \quad \frac{1}{2}y(t)^2 + \frac{1}{2}x(t)^2 + \frac{1}{4}x(t)^4 \leqq E_0 + \frac{1}{2}$$

を得る．これはアプリオリ評価 A を意味する．よって，(5.25) は一意的な大域解 $\boldsymbol{x}(t) = {}^t(x(t), y(t))$ を持つ．

次に, (5.25b) に x を掛けると, $y = x'$ より $xy' = -x^2 - x^4 - xx' + (1+t)^{-1}x$ だから

$$\frac{d}{dt}\left(\frac{1}{2}x^2 + xy\right) - y^2 + x^2 + x^4 = (1+t)^{-1}x \tag{5.27}$$

また, (5.26) + (5.27) × $\frac{1}{2}$ より

$$\frac{d}{dt}F(t) + G(t) = (1+t)^{-1}\left(y(t) + \frac{1}{2}x(t)\right) \tag{5.28}$$

ここで

$$F(t) = E(t) + \frac{1}{4}x(t)^2 + \frac{1}{2}x(t)y(t)$$
$$G(t) = \frac{1}{2}y(t)^2 + \frac{1}{2}x(t)^2 + \frac{1}{2}x(t)^4$$

また, ヤングの不等式より $|xy| \leqq \frac{1}{2}x^2 + \frac{1}{2}y^2$ だから

$$F(t) \leqq E(t) + \frac{1}{4}y(t)^2 + \frac{1}{2}x(t)^2 \leqq 2E(t)$$
$$F(t) \geqq E(t) - \frac{1}{4}y(t)^2 \geqq \frac{1}{2}E(t)$$
$$G(t) \geqq E(t) \geqq \frac{1}{2}F(t)$$

このとき (5.28) より

$$\frac{d}{dt}F(t) + 2\nu F(t) \leqq (1+t)^{-1}\left(|y(t)| + \frac{1}{2}|x(t)|\right), \quad \nu = \frac{1}{4}$$

また, ヤングの不等式より定数 $c > 0$ が存在して

$$(1+t)^{-1}\left(|y(t)| + \frac{1}{2}|x(t)|\right) \leqq c(1+t)^{-2} + \nu F(t)$$

が成り立つ. 従って

$$\frac{d}{dt}F(t) + \nu F(t) \leqq c(1+t)^{-2}, \quad \nu = \frac{1}{4}$$

この微分不等式の両辺に積分因子 $e^{\nu t}$ を掛けると

$$\frac{d}{dt}\left(e^{\nu t}F(t)\right) = e^{\nu t}\left(\frac{d}{dt}F(t) + \nu F(t)\right) \leqq ce^{\nu t}(1+t)^{-2}$$

これを 0 から t まで積分すると

$$e^{\nu t}F(t) \leqq F(0) + c\int_0^t e^{\nu s}(1+s)^{-2}\,ds$$

ここで

$$\begin{aligned}\int_0^t e^{\nu s}(1+s)^{-2}\,ds &= \left(\int_0^{\frac{t}{2}} + \int_{\frac{t}{2}}^t\right) e^{\nu s}(1+s)^{-2}\,ds \\ &\leqq e^{\frac{\nu}{2}t}\int_0^{\frac{t}{2}}(1+s)^{-2}\,ds + \int_{\frac{t}{2}}^t e^{\nu s}\,ds\cdot\left(1+\frac{t}{2}\right)^{-2} \\ &\leqq e^{\frac{\nu}{2}t} + \frac{e^{\nu t}}{\nu}\left(1+\frac{t}{2}\right)^{-2}\end{aligned}$$

だから

$$\frac{1}{2}E(t) \leqq F(t) \leqq F(0)e^{-\nu t} + c\,e^{-\frac{\nu}{2}t} + \frac{c}{\nu}\left(1+\frac{t}{2}\right)^{-2}$$

従って，ある定数 $C(x_0, y_0) > 0$ が存在して

$$\frac{1}{2}y(t)^2 + \frac{1}{2}x(t)^2 + \frac{1}{4}x(t)^4 = E(t) \leqq C(x_0, y_0)(1+t)^{-2}$$

を得る．よって，解 $\boldsymbol{x}(t) = {}^t(x(t), y(t))$ は代数関数的に減衰する．■

問 5.4　次の初期値問題の解の減衰の様子をエネルギー法を用いて調べよ．

(1) $x'' + x' + 2x + x^5 = 0$, $x(0) = x_0$, $x'(0) = x_1$

(2) $x'' + x' + 2x - x^5 = 0$, $x(0) = x_0$, $x'(0) = x_1$

(3) $x'' + x' + 2x + x^5 = (1+t)^{-1}$, $x(0) = x_0$, $x'(0) = x_1$

(4) $x'' + x' + 4x^3 = e^{-t}$, $x(0) = x_0$, $x'(0) = x_1$

付録A

完全微分方程式

◆ 全微分方程式 ◆

x と y を変数として区別しない方程式

$$P(x,y)\,dx + Q(x,y)\,dy = 0 \tag{A.1}$$

を考える．これを**全微分方程式**という．(A.1) は $y = y(x)$ を x の関数（または，$x = x(y)$ を y の関数）とみたときの 1 階微分方程式

$$\frac{dy}{dx} = -\frac{P(x,y)}{Q(x,y)} \qquad \left(\text{または，}\ \frac{dx}{dy} = -\frac{Q(x,y)}{P(x,y)}\right)$$

を意味する．従って，(A.1) は第 1 章の手法で解くこともできるが，ここでは全微分の性質を利用して解くことを考える．

◆ 全微分 ◆

まず，微分積分学で扱う全微分について復習しておく．変数 x, y がそれぞれ x, y から微少量 $\Delta x, \Delta y$ だけ変化したとき，その関数 $F = F(x,y)$ が F から ΔF だけ変化したとする．ここで，関数 F が点 (x,y) で全微分可能ならば次が成り立つ．

$$\begin{aligned} \Delta F &= F(x+\Delta x, y+\Delta y) - F(x,y) \\ &= F_x(x,y)\Delta x + F_y(x,y)\Delta y + R(\Delta x, \Delta y) \end{aligned}$$

ただし，$F_x = \dfrac{\partial F}{\partial x}$, $F_y = \dfrac{\partial F}{\partial y}$ であり，R は $\displaystyle\lim_{(\Delta x,\Delta y)\to 0} \frac{R(\Delta x, \Delta y)}{\sqrt{(\Delta x)^2 + (\Delta y)^2}} = 0$ を満たす関数である．このとき

$$dF(x,y) = F_x(x,y)\,dx + F_y(x,y)\,dy$$

と書き，この $dF = dF(x,y)$ を F の**全微分**という．

特に, (i) $F(x,y)=C$ (C は定数) のときは, $F_x=F_y=0$ より $dF(x,y)=0$ となり, (ii) 逆に, $dF(x,y)=0$ のときは, $F_x=F_y=0$ より $F(x,y)=C$ (C は任意定数) を得る.

◆ 全微分の計算 ◆

$F=\dfrac{x}{y}$ のとき, $F_x=\dfrac{1}{y}$, $F_y=\dfrac{-x}{y^2}$ だから

$$d\left(\frac{x}{y}\right)=\frac{1}{y}\,dx+\frac{-x}{y^2}\,dy=\frac{y\,dx-x\,dy}{y^2}$$

である. 同様にして次のことも分かる.

$$d(xy)=y\,dx+x\,dy,\qquad d\left(\frac{y}{x}\right)=\frac{-y\,dx+x\,dy}{x^2}$$

$$d(x^my^n)=x^{m-1}y^{n-1}(my\,dx+nx\,dy),\qquad d(x^m)=mx^{m-1}\,dx$$

$$d(\log|xy|)=\frac{y\,dx+x\,dy}{xy},\qquad d\left(\log\left|\frac{y}{x}\right|\right)=\frac{-y\,dx+x\,dy}{xy}$$

$$d(\tan^{-1}xy)=\frac{y\,dx+x\,dy}{1+x^2y^2},\qquad d\left(\tan^{-1}\frac{y}{x}\right)=\frac{-y\,dx+x\,dy}{x^2+y^2}$$

次の全微分の公式が成り立つ. $\alpha,\beta\in\boldsymbol{R}$ に対して

$$d(\alpha f+\beta g)=\alpha\,df+\beta\,dg\,,\qquad d(fg)=g\,df+f\,dg$$

例 A.1　次の全微分を計算してみよう.

(1) $$d(x^2+xe^y)=d(x^2)+d(xe^y)=2x\,dx+e^y\,dx+xe^y\,dy$$
$$=(2x+e^y)\,dx+xe^y\,dy$$

(2) $$d\left(\frac{1}{3}x^3+x^2y\right)=\frac{1}{3}d(x^3)+d(x^2y)=x^2\,dx+2xy\,dx+x^2\,dy$$
$$=(x^2+2xy)\,dx+x^2\,dy$$

問 A.1　次の全微分を計算せよ.

(1) $d\left(\sin x+\dfrac{y}{x}\right)$　(2) $d\left(e^x+xy^2+e^y\right)$　(3) $d\left(-\cos x+e^x\sin y+e^y\right)$

◆ 完全微分方程式 ◆

全微分方程式 (A.1) に対して

$$P(x,y) = F_x(x,y) \quad \text{かつ} \quad Q(x,y) = F_y(x,y)$$

を満たす関数 $F = F(x,y)$ が存在するとき，すなわち

$$(\text{A.1}) \quad \Longleftrightarrow \quad dF = F_x\,dx + F_y\,dy = 0$$

のとき，(A.1) を**完全微分形**または**完全微分方程式**という．

◆ 完全微分形であるための必要十分条件 ◆

$F_x = P$, $F_y = Q$ を満たす C^2 級関数 F が存在すれば，$F_{xy} = F_{yx}$ より

$$\frac{\partial P(x,y)}{\partial y} = \frac{\partial Q(x,y)}{\partial x}$$

が成り立つ．

逆に，$\dfrac{\partial P}{\partial y} = \dfrac{\partial Q}{\partial x}$ であれば，$dF = 0$ を満たす関数 F が存在する．実際，$\varphi(y)$ を変数 y のみの関数として

$$F(x,y) = \int P(x,y)\,dx + \varphi(y)$$

とおくと，$F_x(x,y) = P(x,y)$ である．ただし，積分は y を固定して x で積分したものである．このとき

$$F_y(x,y) = \frac{\partial}{\partial y}\int P(x,y)\,dx + \varphi'(y)$$

だから $F_y(x,y) = Q(x,y)$ すなわち

$$\varphi'(y) = Q(x,y) - \frac{\partial}{\partial y}\int P(x,y)\,dx$$

を満たすような $\varphi(y)$ が選べればよいのだが

$$\begin{aligned}\frac{\partial}{\partial x}\left(Q(x,y) - \frac{\partial}{\partial y}\int P(x,y)\,dx\right) &= \frac{\partial Q(x,y)}{\partial x} - \frac{\partial^2}{\partial x \partial y}\int P(x,y)\,dx \\ &= \frac{\partial Q(x,y)}{\partial x} - \frac{\partial P(x,y)}{\partial y} = 0\end{aligned}$$

だから，変数 y のみの関数 $g(y)$ を用いて

$$Q(x,y) - \frac{\partial}{\partial y}\int P(x,y)\,dx = g(y)$$

と書けることになり，$\varphi(y)$ として $g(y)$ の 1 つの原始関数

$$\varphi(y) = \int g(y)\,dy$$

を選べることが分かる．従って，次のことが分かる．

定 理 A.1　$P(x,y)$, $Q(x,y)$ は C^1 級とする．$P(x,y)\,dx + Q(x,y)\,dy = 0$ が完全微分形であるための必要十分条件は次が成り立つことである．

$$\frac{\partial P(x,y)}{\partial y} = \frac{\partial Q(x,y)}{\partial x}$$

注意　以上の議論から，定理 A.1 の条件の下で

$$F(x,y) = \int P(x,y)\,dx + \int\left(Q(x,y) - \frac{\partial}{\partial y}\int P(x,y)\,dx\right)dy$$

とすれば，完全微分方程式 (A.1) の一般解は $F(x,y) = C$（C は任意定数）で与えられることが分かる．

注意　完全微分方程式 (A.1) の一般解 $F(x,y) = C$ の陰関数 $y = y(x)$ は

$$\frac{d}{dx}F(x,y(x)) = F_x(x,y(x)) + F_y(x,y(x))\frac{dy}{dx} = 0$$

を満たすから $\dfrac{dy}{dx} = -\dfrac{F_x(x,y)}{F_y(x,y)} = -\dfrac{P(x,y)}{Q(x,y)}$ を満たす．すなわち，完全微分方程式 (A.1) の一般解 $F(x,y) = C$ は $\dfrac{dy}{dx} = -\dfrac{P(x,y)}{Q(x,y)}$ の一般解を与える．

例 A.2　$(2x + e^y)\,dx + xe^y\,dy = 0$ の一般解を求めてみよう．

解　$P = 2x + e^y$, $Q = xe^y$ とおくと，$P_y = e^y = Q_x$ だから与式は完全微分形 ($P = F_x$, $Q = F_y$) であり，一般解は $F(x,y) = C$ と書ける．このとき，$F_x\,dx + F_y\,dy = 0$ より $F_x = 2x + e^y$ だから

$$F = x^2 + xe^y + \varphi(y)$$

とおくと，$F_x = P$ かつ $F_y = xe^y + \varphi'(y)$ である．一方，$F_y = Q = xe^y$ だから

$$\varphi'(y) = 0$$

となり，$\varphi(y)$ として $\varphi(y) = 0$ がとれる．よって，一般解として $x^2 + xe^y = C$（C は任意定数）を得る．

別解　全微分の計算から $d(x^2) = 2x\,dx$, $d(xe^y) = e^y\,dx + xe^y\,dy$ だから

$$d(x^2 + xe^y) = d(x^2) + d(xe^y) = (2x + e^y)\,dx + xe^y\,dy = 0$$

（例 A.1(1) 参照）が成り立つ．よって，一般解として $x^2 + xe^y = C$（C は任意定数）を得る．■

注意　$x^2 + xe^y = C$ は $\dfrac{dy}{dx} = -\dfrac{2x + e^y}{xe^y}$ の一般解を与える．

問 A.2　次の微分方程式を解け．

(1) $2xy\,dx + x^2\,dy = 0$　(2) $(x + y)\,dx + x\,dy = 0$

(3) $(x + y^2)\,dx + 2xy\,dy = 0$　(4) $2x \log y\,dx + \dfrac{x^2}{y}\,dy = 0$

(5) $(e^x + y^2)\,dx + (2xy + e^y)\,dy = 0$

(6) $(\sin x + e^x \sin y)\,dx + (e^x \cos y + e^y)\,dy = 0$

♦ 完全微分形の積分因子 ♦

全微分方程式 $P(x,y)\,dx + Q(x,y)\,dy = 0$ は完全微分形ではないが，適当な関数 $\mu = \mu(x,y)$ を選んで

$$\mu(x,y)P(x,y)\,dx + \mu(x,y)Q(x,y)\,dy = 0 \tag{A.2}$$

を完全微分形にできることがある．

この関数 $\mu = \mu(x,y)$ を**積分因子**という．(A.2) が完全微分形となるための条件は，定理 A.1 から分かるように

$$\frac{\partial}{\partial y}\left(\mu(x,y)P(x,y)\right) = \frac{\partial}{\partial x}\left(\mu(x,y)Q(x,y)\right)$$

を満たすものを選ぶことが必要十分である．しかしながら，この等式を満たす μ を見つけ出すのは困難である．通常は簡単な形をした積分因子 μ として

(i) $\mu = x^a y^b$

(ii) $\mu = \mu(x),\ \mu(y)$

(iii) $\mu = \mu(x+y),\ \mu(x-y),\ \mu(xy)$

などを検討することが多い．

例 A.3　$(x+2y)\,dx + x\,dy = 0$ の一般解を求めてみよう．

解　$P = x+2y,\ Q = x$ とおくと，$P_y = 2,\ Q_x = 1$ より $P_y \neq Q_x$ である．そこで，積分因子の候補として $\mu = x^a y^b$ をためしてみる．

$$\frac{\partial}{\partial y}(\mu P) = \frac{\partial}{\partial y}(x^{a+1}y^b + 2x^a y^{b+1}) = bx^{a+1}y^{b-1} + 2(b+1)x^a y^b$$
$$\frac{\partial}{\partial x}(\mu Q) = \frac{\partial}{\partial x}(x^{a+1}y^b) = (a+1)x^a y^b$$

だから $\dfrac{\partial}{\partial y}(\mu P) = \dfrac{\partial}{\partial x}(\mu Q)$ とおくと，$b = 0,\ 2(b+1) = a+1$ より $a = 1$, $b = 0$ を得る．従って，$\mu = x$ を積分因子とすると

$$x(x+2y)\,dx + x^2\,dy = 0$$

は完全微分形 ($\mu P = F_x$, $\mu Q = F_y$) となり，一般解は $F(x,y) = C$ と書ける．このとき，$F_x\,dx + F_y\,dy = 0$ より $F_x = x(x+2y) = x^2 + 2xy$ だから

$$F = \frac{1}{3}x^3 + x^2 y + \varphi(y)$$

とおくと，$F_x = \mu P$ かつ $F_y = x^2 + \varphi'(y)$ となる．一方，$F_y = \mu Q = x^2$ だから

$$\varphi'(y) = 0$$

となり，$\varphi(y)$ として $\varphi(y) = 0$ がとれる．よって，一般解として $\dfrac{1}{3}x^3 + x^2 y = C$（$C$ は任意定数）を得る．■

問 A.3　次の微分方程式を解け．

(1) $(x-y)\,dx + x\,dy = 0$　　(2) $2xy\,dx + (y^2 - x^2)\,dy = 0$

(3) $y\,dx + (xy+x)\,dy = 0$　　(4) $(x^2+y^2)\,dx - 2xy\,dy = 0$

(5) $(x^2\cos x - y)\,dx + x\,dy = 0$

付録B 局所解の存在定理の証明

♦ 定理 2.2 の証明 ♦

コーシー（**Cauchy**）の折れ線法を用いて定理 2.2（局所解の存在）の証明を与える．適当な $\ell > 0,\ r > 0$ に対して

$$\overline{D} = \{(t, \boldsymbol{x}) \mid |t - t_0| \leqq \ell,\ |\boldsymbol{x} - \boldsymbol{x}_0| \leqq r\}$$

とする．$|\boldsymbol{f}(t, \boldsymbol{x})|$ は有界閉領域 $\overline{D}$ 上で連続だから最大値を持つ．その最大値を

$$M = \max_{(t,\boldsymbol{x}) \in \overline{D}} |\boldsymbol{f}(t, \boldsymbol{x})| \tag{B.1}$$

とし

$$\rho = \min\left\{\ell,\ \frac{r}{M}\right\} \quad (> 0) \tag{B.2}$$

とおいて，区間 $[t_0 - \rho, t_0 + \rho]$ 上で近似解の列 $\{\boldsymbol{x}_n(t)\}$ を構成する．

$t_0 \leqq t \leqq t_0 + \rho$ の場合を考える．（$t_0 - \rho \leqq t \leqq t_0$ の場合も同様の議論ができる．）区間 $J = [t_0, t_0 + \rho]$ を n 等分し，目盛を $t_k = t_0 + k\dfrac{\rho}{n}$ $(k = 0, 1, \cdots, n)$ とする．すなわち，$t_k - t_{k-1} = \dfrac{\rho}{n}$ $(k = 1, 2, \cdots, n)$ かつ $J = [t_0, t_n]$ である．$\boldsymbol{x}(t)$ を (2.3) の解とすると，$k = 1, 2, \cdots, n$ に対して

$$\begin{aligned}
\boldsymbol{x}(t_k) - \boldsymbol{x}(t_{k-1}) &= \int_{t_{k-1}}^{t_k} \boldsymbol{f}(s, \boldsymbol{x}(s))\, ds \\
&\fallingdotseq \int_{t_{k-1}}^{t_k} \boldsymbol{f}(t_{k-1}, \boldsymbol{x}(t_{k-1}))\, ds \\
&= \boldsymbol{f}(t_{k-1}, \boldsymbol{x}(t_{k-1}))(t_k - t_{k-1})
\end{aligned}$$

だから

$$\boldsymbol{x}(t_k) \fallingdotseq \boldsymbol{x}(t_{k-1}) + \frac{\rho}{n}\boldsymbol{f}(t_{k-1}, \boldsymbol{x}(t_{k-1}))$$

が分かる．そこで，$\boldsymbol{x}^0 = \boldsymbol{x}_0$ かつ

$$\begin{aligned}
\boldsymbol{x}^1 &= \boldsymbol{x}^0 + \frac{\rho}{n}\boldsymbol{f}(t_0, \boldsymbol{x}^0)\\
\boldsymbol{x}^2 &= \boldsymbol{x}^1 + \frac{\rho}{n}\boldsymbol{f}(t_1, \boldsymbol{x}^1)\\
&\cdots\\
\boldsymbol{x}^n &= \boldsymbol{x}^{n-1} + \frac{\rho}{n}\boldsymbol{f}(t_{n-1}, \boldsymbol{x}^{n-1})
\end{aligned}$$

として，点 $t_0, t_1, \cdots, t_n$ 上の解 $\boldsymbol{x}(t)$ の近似値 $\boldsymbol{x}^0, \boldsymbol{x}^1, \cdots, \boldsymbol{x}^n$ を定め，点列 $\{(t_k, \boldsymbol{x}^k)\}_{k=0}^n$ を線形補間して，近似解 $\boldsymbol{x}_n(t)$ を構成する．すなわち，$\boldsymbol{x}_n(t)$ は点 $(t_0, \boldsymbol{x}^0), (t_1, \boldsymbol{x}^1), \cdots, (t_n, \boldsymbol{x}^n)$ の順に線分で結んでできる折れ線

$$\boldsymbol{x}_n(t) = \begin{cases}
\frac{t_1 - t}{t_1 - t_0}\boldsymbol{x}^0 + \frac{t - t_0}{t_1 - t_0}\boldsymbol{x}^1 & (t_0 \leqq t \leqq t_1)\\
\frac{t_2 - t}{t_2 - t_1}\boldsymbol{x}^1 + \frac{t - t_1}{t_2 - t_1}\boldsymbol{x}^2 & (t_1 \leqq t \leqq t_2)\\
\quad\cdots & \\
\frac{t_n - t}{t_n - t_{n-1}}\boldsymbol{x}^{n-1} + \frac{t - t_{n-1}}{t_n - t_{n-1}}\boldsymbol{x}^n & (t_{n-1} \leqq t \leqq t_n)
\end{cases}$$

である．これを**コーシーの折れ線**という．

主張 1：$\{(t, \boldsymbol{x}_n(t))\} \subset \overline{D}$ かつ

$$|\boldsymbol{x}_n(t)| \leqq |\boldsymbol{x}_0| + r \quad (n \in \boldsymbol{N},\ t \in J) \tag{B.3}$$

すなわち，$\{\boldsymbol{x}_n(t)\}$ は区間 J 上で一様有界である．

実際，$k = 1, 2, \cdots, n$ に対して

$$\begin{aligned}
|\boldsymbol{x}^k - \boldsymbol{x}_0| &\leqq \sum_{j=1}^{k} |\boldsymbol{x}^j - \boldsymbol{x}^{j-1}| \leqq \frac{\rho}{n}\sum_{j=1}^{k} |\boldsymbol{f}(t_{j-1}, \boldsymbol{x}^{j-1})|\\
&\leqq \frac{\rho}{n}kM \leqq \rho M \leqq r
\end{aligned}$$

だから $(t_k, \boldsymbol{x}^k) \in \overline{D}$ $(k = 0, 1, \cdots, n)$ となる．よって，$(t, \boldsymbol{x}_n(t)) \in \overline{D}$ $(n \in \boldsymbol{N},\ t \in J)$ を得る．このとき $|\boldsymbol{x}_n(t) - \boldsymbol{x}_0| \leqq r$ $(n \in \boldsymbol{N},\ t \in J)$ だから 3 角不等式より $|\boldsymbol{x}_n(t)| \leqq |\boldsymbol{x}_0| + r$ $(n \in \boldsymbol{N},\ t \in J)$ も分かり，主張 1 を得る．

また，$t_{k-1} \leqq t \leqq t_k$ のとき

$$\boldsymbol{x}_n(t) = \boldsymbol{x}_n(t_{k-1}) + \boldsymbol{f}(t_{k-1}, \boldsymbol{x}^{k-1})(t - t_{k-1}) \tag{B.4}$$

$$\boldsymbol{x}_n(t) = \boldsymbol{x}_n(t_k) + \boldsymbol{f}(t_{k-1}, \boldsymbol{x}^{k-1})(t - t_k) \tag{B.5}$$

である．実際，$\boldsymbol{x}_n(t_{k-1}) = \boldsymbol{x}^{k-1}$ より

$$\begin{aligned}\boldsymbol{x}_n(t) - \boldsymbol{x}_n(t_{k-1}) &= \left(\frac{t_k - t}{t_k - t_{k-1}} - 1\right)\boldsymbol{x}^{k-1} + \frac{t - t_{k-1}}{t_k - t_{k-1}}\boldsymbol{x}^k \\ &= \frac{t - t_{k-1}}{t_k - t_{k-1}}(\boldsymbol{x}^k - \boldsymbol{x}^{k-1}) \\ &= \frac{t - t_{k-1}}{t_k - t_{k-1}}\boldsymbol{f}(t_{k-1}, \boldsymbol{x}^{k-1})(t_k - t_{k-1}) \\ &= \boldsymbol{f}(t_{k-1}, \boldsymbol{x}^{k-1})(t - t_{k-1})\end{aligned}$$

同様にして (B.5) も分かる．

よって，(B.1) より $t_{k-1} \leqq t \leqq t_k$ に対して

$$|\boldsymbol{x}_n(t) - \boldsymbol{x}_n(t_{k-1})| \leqq M|t - t_{k-1}| \tag{B.6}$$

$$|\boldsymbol{x}_n(t) - \boldsymbol{x}_n(t_k)| \leqq M|t - t_k| \tag{B.7}$$

が成り立つ．さらに，次のことが分かる．

主張 2：$\{\boldsymbol{x}_n(t)\}$ は区間 J 上で同程度連続である．すなわち

$$^{\forall}\varepsilon > 0,\ ^{\exists}\delta > 0 \quad \text{s.t.} \quad |t - s| < \delta \implies |\boldsymbol{x}_n(t) - \boldsymbol{x}_n(s)| < \varepsilon \quad (n \in \boldsymbol{N})$$

実際，区間 $J = [t_0, t_0 + \rho] = [t_0, t_n]$ に対して

$$t_0 \leqq \cdots \leqq t_{k-1} \leqq s \leqq t_k \leqq \cdots \leqq t_{k+\ell} \leqq t \leqq t_{k+\ell+1} \leqq \cdots \leqq t_n$$

$(0 \leqq \ell \leqq n - 1 - k)$ とすると，(B.6), (B.7) より

$$\begin{aligned}&|\boldsymbol{x}_n(t) - \boldsymbol{x}_n(s)| \\ &\leqq |\boldsymbol{x}_n(t) - \boldsymbol{x}_n(t_{k+\ell})| + \sum_{j=1}^{\ell}|\boldsymbol{x}_n(t_{k+j}) - \boldsymbol{x}_n(t_{k+j-1})| + |\boldsymbol{x}_n(t_k) - \boldsymbol{x}_n(s)| \\ &\leqq M|t - t_{k+\ell}| + \sum_{j=1}^{\ell} M|t_{k+j} - t_{k+j-1}| + M|t_k - s| = M|t - s|\end{aligned}$$

となる．従って，任意の $\varepsilon > 0$ に対して $\delta = \varepsilon/M$ とおくと

$$|t - s| < \delta \implies |\boldsymbol{x}_n(t) - \boldsymbol{x}_n(s)| < \varepsilon \quad (n \in \boldsymbol{N})$$

が成り立つ．よって，$\{\boldsymbol{x}_n(t)\}$ は J 上で同程度連続となり，主張 2 を得る．

従って，主張 1 と主張 2 より $\{\boldsymbol{x}_n(t)\}$ は区間 J 上で一様有界かつ同程度連続だから[†]アスコリ・アルツェラ（Ascoli–Arzelà）の定理より $\{\boldsymbol{x}_n(t)\}$ は区間 J 上で一様収束する部分列を持つ．（記号の簡略化のために）その部分列を再び $\{\boldsymbol{x}_n(t)\}$ と書くことにする．また，その極限関数を $\boldsymbol{x}(t)$ と書くと，$\boldsymbol{x}(t)$ は連続な関数列 $\{\boldsymbol{x}_n(t)\}$ の一様収束極限だから $\boldsymbol{x}(t) = \lim_{n\to\infty} \boldsymbol{x}_n(t)$ も連続となる．また，$(t, \boldsymbol{x}(t)) \in \overline{D}$ となる．

この関数 $\boldsymbol{x}(t)$ が求める解であることを示そう．$\boldsymbol{f}(t, \boldsymbol{x})$ は有界閉領域 $\overline{D}$ 上で連続だから $\overline{D}$ 上で一様連続となり，次のことが分かる．

主張 3：$^\forall\varepsilon > 0\,,\ ^\exists N \in \boldsymbol{N} \quad \text{s.t.} \quad n \geqq N \implies$

$$|\boldsymbol{f}(t, \boldsymbol{x}_n(t)) - \boldsymbol{f}(t_{k-1}, \boldsymbol{x}_n(t_{k-1}))| < \varepsilon \quad (t_{k-1} \leqq t \leqq t_k)$$

実際，$\boldsymbol{f}(t, \boldsymbol{x})$ は有界閉領域 $\overline{D}$ 上で一様連続だから

$$^\forall\varepsilon > 0\,,\ ^\exists\delta > 0 \quad \text{s.t.} \quad |(t, \boldsymbol{x}) - (s, \boldsymbol{y})| < \delta \implies |\boldsymbol{f}(t, \boldsymbol{x}) - \boldsymbol{f}(s, \boldsymbol{y})| < \varepsilon$$

とできる．一方，この $\delta > 0$ に対して

$$^\exists N \in \boldsymbol{N} \quad \text{s.t.} \quad n \geqq N \implies (1 + M)\frac{\rho}{n} < \delta$$

とできる．従って，$n \geqq N$ ならば (B.6) より $t_{k-1} \leqq t \leqq t_k$ に対して

$$\begin{aligned}
&|(t, \boldsymbol{x}_n(t)) - (t_{k-1}, \boldsymbol{x}_n(t_{k-1}))| \\
&\leqq |(t, \boldsymbol{x}_n(t)) - (t, \boldsymbol{x}_n(t_{k-1}))| + |(t, \boldsymbol{x}_n(t_{k-1})) - (t_{k-1}, \boldsymbol{x}_n(t_{k-1}))| \\
&= |\boldsymbol{x}_n(t) - \boldsymbol{x}_n(t_{k-1})| + |t - t_{k-1}| \\
&\leqq (1 + M)\frac{\rho}{n} < \delta
\end{aligned}$$

だから

$$|\boldsymbol{f}(t, \boldsymbol{x}_n(t)) - \boldsymbol{f}(t_{k-1}, \boldsymbol{x}_n(t_{k-1}))| < \varepsilon$$

が成り立ち，主張 3 を得る．

[†]関数列 $\{\boldsymbol{x}_n(t)\}$ が有界閉区間 J 上で一様有界かつ同程度連続ならば，$\{\boldsymbol{x}_n(t)\}$ から J 上で一様収束する部分列をとり出すことができる．これをアスコリ・アルツェラの定理という．証明は微分積分学や基礎解析学の専門書を参照するとよい．

さらに，$t_{k-1} \leqq t \leqq t_k$ のとき，$\boldsymbol{x}_n(t_{k-1}) = \boldsymbol{x}^{k-1}$ だから (B.4) より

$$
\begin{aligned}
&\boldsymbol{x}_n(t) - \boldsymbol{x}_n(t_{k-1}) \\
&= \boldsymbol{f}(t_{k-1}, \boldsymbol{x}_n(t_{k-1}))(t - t_{k-1}) \\
&= \int_{t_{k-1}}^{t} \boldsymbol{f}(t_{k-1}, \boldsymbol{x}_n(t_{k-1}))\, ds \\
&= \int_{t_{k-1}}^{t} \boldsymbol{f}(s, \boldsymbol{x}_n(s))\, ds + \int_{t_{k-1}}^{t} \left(\boldsymbol{f}(t_{k-1}, \boldsymbol{x}_n(t_{k-1})) - \boldsymbol{f}(s, \boldsymbol{x}_n(s))\right) ds
\end{aligned}
$$

だから，主張 3 の ε と N に対して，$n \geqq N$ ならば

$$
\begin{aligned}
&\left|\boldsymbol{x}_n(t) - \boldsymbol{x}_n(t_{k-1}) - \int_{t_{k-1}}^{t} \boldsymbol{f}(s, \boldsymbol{x}_n(s))\, ds\right| \\
&\leqq \int_{t_{k-1}}^{t} |\boldsymbol{f}(t_{k-1}, \boldsymbol{x}_n(t_{k-1})) - \boldsymbol{f}(s, \boldsymbol{x}_n(s))|\, ds \\
&\leqq \int_{t_{k-1}}^{t} \varepsilon\, ds \leqq \varepsilon |t_k - t_{k-1}| \leqq \varepsilon \frac{\rho}{n}
\end{aligned}
$$

を得る．従って，$t \in J$ に対して，$n \geqq N$ ならば

$$
\begin{aligned}
&\left|\boldsymbol{x}_n(t) - \boldsymbol{x}_0 - \int_{t_0}^{t} \boldsymbol{f}(s, \boldsymbol{x}_n(s))\, ds\right| \\
&\leqq \left|\boldsymbol{x}_n(t) - \boldsymbol{x}_n(t_{k-1}) - \int_{t_{k-1}}^{t} \boldsymbol{f}(s, \boldsymbol{x}_n(s))\, ds\right| \\
&\quad + \left|\boldsymbol{x}_n(t_{k-1}) - \boldsymbol{x}_n(t_{k-2}) - \int_{t_{k-2}}^{t_{k-1}} \boldsymbol{f}(s, \boldsymbol{x}_n(s))\, ds\right| \\
&\quad \cdots \\
&\quad + \left|\boldsymbol{x}_n(t_1) - \boldsymbol{x}_n(t_0) - \int_{t_1}^{t_0} \boldsymbol{f}(s, \boldsymbol{x}_n(s))\, ds\right| \\
&\leqq \varepsilon \frac{\rho}{n} k \leqq \varepsilon \rho
\end{aligned}
$$

となる．一方，$\boldsymbol{f}(t, \boldsymbol{x})$ は連続であり，$\{\boldsymbol{x}_n(t)\}$ は $\boldsymbol{x}(t)$ に一様収束しているので，$\{\boldsymbol{f}(t, \boldsymbol{x}_n(t))\}$ も $\boldsymbol{f}(t, \boldsymbol{x}(t))$ に一様収束する．

よって，$t \in J$ に対して

$$
\begin{aligned}
\boldsymbol{x}(t) &= \lim_{n\to\infty} \boldsymbol{x}_n(t) \\
&= \boldsymbol{x}_0 + \lim_{n\to\infty} \int_{t_0}^{t} \boldsymbol{f}(s, \boldsymbol{x}_n(s))\, ds \\
&= \boldsymbol{x}_0 + \int_{t_0}^{t} \boldsymbol{f}(s, \boldsymbol{x}(s))\, ds
\end{aligned}
$$

を得る．すなわち，この関数 $\boldsymbol{x}(t)$ は $J = [t_0, t_0 + \rho]$ 上で (2.1) の解となる．

同様の議論により $t_0 - \rho \leqq t \leqq t_0$ の場合も (2.1) の解 $\widetilde{\boldsymbol{x}}(t)$ の存在が示せる．また，$\boldsymbol{x}(t_0) = \widetilde{\boldsymbol{x}}(t_0) = \boldsymbol{x}_0$ かつ

$$
\lim_{t\to t_0+0} \boldsymbol{x}'(t) = \lim_{t\to t_0-0} \widetilde{\boldsymbol{x}}'(t) = \boldsymbol{f}(t_0, \boldsymbol{x}_0)
$$

だから関数 $\boldsymbol{x}(t)$ と $\widetilde{\boldsymbol{x}}(t)$ は $t = t_0$ で滑らかにつながっていることも分かる．■

注意　(B.3) より解 $\boldsymbol{x}(t)$ に対して次が成り立つ．

$$
|\boldsymbol{x}(t)| = \lim_{n\to\infty} |\boldsymbol{x}_n(t)| \leqq |\boldsymbol{x}_0| + r \tag{B.8}
$$

略解とヒント

各章の問の略解とヒントを与える．
ただし，$c, c_0, c_1, c_2, \cdots$ は任意定数とする．

第1章

1.1 (1) $x = \dfrac{1}{2}e^t + \dfrac{c}{e^t}$ (2) $x = -t - 1 + ce^t$ (3) $x = -t^2 - 1 + ce^{t^2}$
(4) $x = 1 + ce^{\cos t}$ (5) $x = \dfrac{1}{2}t + \dfrac{c}{t}$ (6) $x = t - 2 + \dfrac{2}{t} + \dfrac{c}{e^t t}$ [積分因子 $e^t t$]

1.2 積分因子 $e^{\int_{t_0}^{t} p(s)ds}$ を用いて，t_0 から t まで積分する．

1.3 (1) $x = 2e^{3t} - e^{2t}$ (2) $x = \cos t + \sin t + 2e^{\pi - t}$

1.4 (1) $x^2 = \dfrac{1}{2} + ce^{-t^2}$ (2) $x^2 = \dfrac{2}{2t^2 + 1 + ce^{2t^2}}$ (3) $x = \dfrac{1}{1 + ct}$

1.5 (1) $x = \sqrt{\dfrac{2}{1 + e^{4t}}}$ (2) $x = \sqrt{t - 1 + e^{-(t-1)}}$

1.6 (1) $x = \dfrac{-1}{t^2 + c}$ (2) $x^2 + t^2 = c$ (3) $x = \tan\left(\dfrac{1}{2}t^2 + c\right)$
(4) $4(x+1)^3 + 3t^4 = c$ (5) $x = (\log|t| + c)^2 + 1$ (6) $x = \dfrac{1 + ce^{t^2}}{1 - ce^{t^2}}$

1.7 (1) $x = 2e^{-\frac{1}{2}\cos 2t + \frac{1}{2}}$ (2) $x = \dfrac{\sin^2 t}{1 + \cos^2 t}$

1.8 (1) $\dfrac{1}{x}\dfrac{dx}{dt} = -p(t)$ を t で積分する． (2) $\dfrac{du}{dt} = e^{\int p(t)dt}q(t)$ を導き，t で積分する．

1.9 (1) $x = ce^{\frac{x}{t}}$ (2) $x^2 - 2tx - t^2 = c$ (3) $x^2 = t^2(\log t^2 + c)$
(4) $x = t\tan\left(-\dfrac{1}{2}\log(x^2 + t^2) + c\right)$

1.10 $x = te^{\frac{-p}{2m}t}$, $x' = t(e^{\frac{-p}{2m}t})' + e^{\frac{-p}{2m}t}$, $x'' = t(e^{\frac{-p}{2m}t})'' + \dfrac{-p}{m}e^{\frac{-p}{2m}t}$ だから $mx'' + px' + kx = t(m(e^{\frac{-p}{2m}t})'' + p(e^{\frac{-p}{2m}t})' + ke^{\frac{-p}{2m}t}) + \left(m\dfrac{-p}{m} + p\right)e^{\frac{-p}{2m}t} = t\cdot 0 + 0\cdot e^{\frac{-p}{2m}t} = 0$

1.11 (1) $x = c_1e^t + c_2e^{-3t}$ (2) $x = e^{-2t}(c_1 + c_2t)$
(3) $x = e^{-\frac{1}{2}t}\left(c_1\cos\dfrac{\sqrt{3}}{2}t + c_2\sin\dfrac{\sqrt{3}}{2}t\right)$ (4) $x = c_1 + c_2e^{-\frac{3}{4}t}$
(5) $x = e^{\frac{1}{3}t}(c_1 + c_2t)$ (6) $x = e^{2t}(c_1\cos\sqrt{2}\,t + c_2\sin\sqrt{2}\,t)$
(7) $x = c_1e^t + c_2e^{-t}$, $y = -c_1e^t + c_2e^{-t}$

(8) $x=c_1e^{(-1+\sqrt{2})t}+c_2e^{(-1-\sqrt{2})t}$, $y=\sqrt{2}\,c_1e^{(-1+\sqrt{2})t}-\sqrt{2}\,c_2e^{(-1-\sqrt{2})\,t}$

1.12 (1) $x=c_1\cos 3t+c_2\sin 3t+\dfrac{1}{9}t$ (2) $x=e^{2t}\left(c_1+c_2t+\dfrac{1}{2}t^2\right)$

(3) $x=c_1e^{-t}+c_2e^{-3t}+t^2-2t+3$

(4) $x=e^{-t}(c_1\cos\sqrt{2}\,t+c_2\sin\sqrt{2}\,t)+\dfrac{1}{4}(\cos t+\sin t)$

(5) $x=e^t(c_1+c_2t-\sin t)$ (6) $x=c_1e^{-\frac{1}{3}t}+c_2e^t+\dfrac{1}{4}(e^{-t}+te^t)$

1.13 (1) $x=2\cos 2t-3\sin 2t+5\sin t$ (2) $x=e^t(t+3)-t^2-2t-2$

1.14 (1) $(|\boldsymbol{a}|^2)'=2\boldsymbol{a}\cdot\boldsymbol{a}'$ を利用する.

(2) ($\Rightarrow$) $\boldsymbol{a}'=c(t)\boldsymbol{a}$ とおき, $(|\boldsymbol{a}|)'=\dfrac{\boldsymbol{a}\cdot\boldsymbol{a}'}{|\boldsymbol{a}|}=c(t)|\boldsymbol{a}|$ と $\left(\dfrac{\boldsymbol{a}}{|\boldsymbol{a}|}\right)'=\dfrac{\boldsymbol{a}'}{|\boldsymbol{a}|}-\dfrac{(|\boldsymbol{a}|)'}{|\boldsymbol{a}|^2}\boldsymbol{a}=\boldsymbol{0}$ を利用する. ($\Leftarrow$) $\boldsymbol{a}=|\boldsymbol{a}|\boldsymbol{c}$ とおき, $\boldsymbol{a}'=(|\boldsymbol{a}|)'\boldsymbol{c}$ を利用する.

1.15 略

1.16 変数分離法を用いて $\displaystyle\int\frac{1}{\sqrt{1+v^2}}\,dv=\int\beta\,dx$ を解くと $\log(v+\sqrt{1+v^2})=\beta x+A$ である. $v(0)=y'(0)=0$ より $A=0$ だから $v=\dfrac{1}{2}(e^{\beta x}-e^{-\beta x})=\sinh\beta x$ すなわち $\dfrac{dy}{dx}=\sinh\beta x$ である. さらに, 0 から x まで積分すると, $y(0)=0$ より $y=\displaystyle\int_0^x\sinh\beta s\,ds=\frac{1}{\beta}(\cosh\beta x-1)$ を得る.

1.17 $\dfrac{1}{y}\dfrac{dy}{dt}=-b+mx$ を $t=0$ から $t=T$ まで積分する.

1.18 (1) $(0,0)$, $\left(\dfrac{a}{c},0\right)$, $\left(\dfrac{b}{m},\dfrac{am-bc}{km}\right)$

(2) $(0,0)$, $\left(0,\dfrac{a}{c}\right)$, $\left(\dfrac{a}{c},0\right)$, $\left(\dfrac{a(k-c)}{km-c^2},\dfrac{a(m-c)}{km-c^2}\right)$

(3) $(0,0)$, $\left(0,\dfrac{b}{d}\right)$, $\left(\dfrac{a}{c},0\right)$, $\left(\dfrac{ad+bk}{cd-km},\dfrac{am+bc}{cd-km}\right)$

1.19 方程式：$\dfrac{dy}{dx}=-1+\dfrac{b}{ax}$, 解曲線：$y=-x+\dfrac{b}{a}\log x+c$

1.20 (1) $x=\dfrac{t^2(t^2+2)+c}{t^2+1}$ [積分因子 t^2+1]

(2) $x=\dfrac{1}{2}\log t+\dfrac{c}{\log t}$ [積分因子 $\log t$]

(3) $x^2=\dfrac{1}{1+ce^{t^2}}$ [$u=x^{-2}$ とおく] (4) $x^2=\dfrac{1}{-2t^3+ct^2}$ [$u=x^{-2}$ とおく]

(5) $x=c\left(1-\dfrac{1}{t}\right)$ (6) $\sin x=\dfrac{c}{\cos t}$

1.21 (1) $x = \dfrac{t^2}{1-ct}$ (2) $x^2 = c(2x+t^2)$

(3) $x = \exp(t^2 + c_1 t + c_2)$ (4) $x = \exp\left(c_1 + c_2 e^{4t} - \dfrac{1}{2}t\right)$

1.22 (1) $x = -\dfrac{1}{2}t^2 - t + e^t$ $[v' - v = t,\ v(0) = 0]$

(2) $x = e^{t^2}$ $[v' - 2tv = 2e^{t^2},\ v(0) = 0]$

(3) $x = \dfrac{t}{1-t}$ $[\dfrac{dw}{dx} = 2(x+1),\ w(0) = w(x(0)) = v(0) = x'(0) = 1]$

(4) $x = \tan t$ $[\dfrac{dw}{dx} = 2x,\ w(0) = w(x(0)) = v(0) = x'(0) = 1]$

1.23 $D = (1-a)^2 - 4b$ とする.

(i) $D > 0$ のとき $x = t^{\frac{1-a}{2}}(c_1 t^{\frac{\sqrt{D}}{2}} + c_2 t^{-\frac{\sqrt{D}}{2}})$

(ii) $D = 0$ のとき $x = t^{\frac{1-a}{2}}(c_1 + c_2 \log t)$

(iii) $D < 0$ のとき $x = t^{\frac{1-a}{2}}\left(c_1 \cos\left(\dfrac{\sqrt{-D}}{2}\log t\right) + c_2 \sin\left(\dfrac{\sqrt{-D}}{2}\log t\right)\right)$

1.24 $x = \alpha x_1 + \beta x_2$ は, $ax'' + bx' + cx = \alpha(ax_1'' + bx_1' + cx_1) + \beta(ax_2'' + bx_2' + cx_2) = 0$ かつ $x(0) = \alpha x_1(0) + \beta x_2(0) = \alpha$, $x'(0) = \alpha x_1'(0) + \beta x_2'(0) = \beta$ を満たす.

第2章

2.1 (1) $|\boldsymbol{x}+\boldsymbol{y}|^2 = |\boldsymbol{x}|^2 + 2\boldsymbol{x}\cdot\boldsymbol{y} + |\boldsymbol{y}|^2 \leqq |\boldsymbol{x}|^2 + 2|\boldsymbol{x}||\boldsymbol{y}| + |\boldsymbol{y}|^2 = (|\boldsymbol{x}| + |\boldsymbol{y}|)^2$

(2) 略

2.2 (1) 略 $[1 + |t| \geqq 1$, $x^2 - y^2 = (x+y)(x-y)$ を利用する]

(2) 略 $[x^4 - y^4 = (x^3 + x^2y + xy^2 + y^3)(x-y)$ を利用する]

2.3 仮定より各 $t \in I$ に対して $|\boldsymbol{x}_n(t) - \boldsymbol{x}_m(t)| \to 0$ $(n, m \to \infty)$ だから各 $t \in I$ ごとに $\{\boldsymbol{x}_n(t)\}$ は $\boldsymbol{R}^n$ のコーシー列となる. 従って, $\boldsymbol{R}^n$ の完備性より $\{\boldsymbol{x}_n(t)\}$ は $\boldsymbol{R}^n$ で収束するので, その極限を $\boldsymbol{x}^t$ $(= \lim_{n\to\infty} \boldsymbol{x}_n(t))$ とし, 各 $t \in I$ に $\boldsymbol{x}^t$ を対応させる関数を $\boldsymbol{x}(t)$ と定める. このとき, 任意の $t \in I$ に対して $|\boldsymbol{x}_n(t) - \boldsymbol{x}(t)| \to 0$ $(n \to \infty)$ だから

$^{\forall}\varepsilon > 0,\ ^{\exists}N \in \boldsymbol{N}$ s.t. $n \geqq N \implies \max_{t\in I} |\boldsymbol{x}_n(t) - \boldsymbol{x}(t)| < \varepsilon$

が成り立つ. 一方, $\boldsymbol{x}_N(t)$ は I 上で連続だからこの ε と $s \in I$ に対して

$^{\exists}\delta > 0$ s.t. $|t - s| < \delta \implies |\boldsymbol{x}_N(t) - \boldsymbol{x}_N(s)| < \varepsilon$

が成り立つ. 従って, $|t-s| < \delta$ ならば

$|\boldsymbol{x}(t) - \boldsymbol{x}(s)| \leqq |\boldsymbol{x}(t) - \boldsymbol{x}_N(t)| + |\boldsymbol{x}_N(t) - \boldsymbol{x}_N(s)| + |\boldsymbol{x}_N(s) - \boldsymbol{x}(s)| < \varepsilon + \varepsilon + \varepsilon = 3\varepsilon$

を得る. すなわち, $\boldsymbol{x}(t)$ は $s \in I$ で連続となる. よって, $s \in I$ の任意性より $\boldsymbol{x}(t)$ は I 上で連続となる.

2.4 (1) $x = e^t$ (2) $x = e^t$ $[x' = y,\ y' = -2x + 3y,\ x(0) = 1,\ y(0) = 1$ を解く]

(3) $x = e^{\frac{t^3}{3}}$ (4) $x = \sin t$ $[x' = y,\ y' = -x,\ x(0) = 0,\ y(0) = 1$ を解く]

2.5 (1) $\left(-\frac{1}{8},\infty\right)$　(2) $\left(-\frac{1}{2},\frac{1}{2}\right)$　(3) $\left(-\infty,\frac{1}{p}\right)$　(4) $\left(-\frac{1}{p},\infty\right)$

2.6 略

2.7 $v(t)=A+\int_t^b K(s)w(s)\,ds$ とおくと $v'(t)=-K(t)w(t)$, $v(b)=A$, $w(t)\leqq v(t)$ である．また $K(t)\geqq 0$ より $v'(t)+K(t)v(t)\geqq 0$ だから

$$\frac{d}{dt}\left(e^{-\int_t^b K(s)ds}v(t)\right)=e^{-\int_t^b K(s)ds}\left(v'(t)+K(t)v(t)\right)\geqq 0$$

が成り立つ．これを t から b まで積分すると $v(b)-e^{-\int_t^b K(s)ds}v(t)\geqq 0$ となる．従って，$w(t)\leqq v(t)\leqq v(b)e^{\int_t^b K(s)ds}\leqq A\,e^{\int_t^b K(s)ds}$ を得る．

2.8 順に x_1,x_2,x_3,x_4 とする．

(1) $W(x_1,x_2,x_3)(0)=(\beta-\alpha)^2\neq 0$　(2) $W(x_1,x_2)(0)=\beta\neq 0$

(3) $W(x_1,x_2)\left(\frac{\pi}{\beta}\right)=\frac{\pi^4}{\beta^3}\neq 0$　(4) $W(x_1,x_2,x_3)(1)=2\neq 0$

(5) $W(x_1,x_2,x_3)(0)=2\beta(\gamma-\alpha)\neq 0$　(6) $W(x_1,x_2,x_3)(0)=2\neq 0$

(7) $W(x_1,x_2,x_3,x_4)(0)=(\beta-\alpha)^4\neq 0$　(8) $W(x_1,x_2,x_3,x_4)(0)=-4\beta^4\neq 0$

2.9 $(D-\alpha)(t^k e^{\alpha t})=kt^{k-1}e^{\alpha t}$ $(k=1,2,\cdots)$ より $(D-\alpha)(e^{\alpha t})=0$, $(D-\alpha)^2(te^{\alpha t})=(D-\alpha)(e^{\alpha t})=0$, $(D-\alpha)^3(t^2e^{\alpha t})=2(D-\alpha)^2(te^{\alpha t})=0$, $\cdots$, $(D-\alpha)^m(t^{m-1}e^{\alpha t})=(m-1)(D-\alpha)^{m-1}(t^{m-2}e^{\alpha t})=0$ である．また，$W(e^{\alpha t},te^{\alpha t},\cdots,t^{m-1}e^{\alpha t})(0)\neq 0$ である．

2.10 $e^{\alpha t},te^{\alpha t},\cdots,t^{m-1}e^{\alpha t}$ は $(D-\alpha)^m x=0$ を満たすので，$(D-\beta)^k(D-\alpha)^m x=0$ も満たす．一方，$e^{\beta t},te^{\beta t},\cdots,t^{k-1}e^{\beta t}$ は $(D-\beta)^k x=0$ を満たすので，$(D-\alpha)^m(D-\beta)^k x=0$ も満たす．また，$W(e^{\alpha t},te^{\alpha t},\cdots,t^{m-1}e^{\alpha t},e^{\beta t},te^{\beta t},\cdots,t^{k-1}e^{\beta t})(0)\neq 0$ である．

2.11 (1) $x=e^t(c_1+c_2t)+c_3e^{-2t}$　(2) $x=e^{2t}(c_1+c_2t+c_3t^2)$

(3) $x=c_1e^t+c_2e^{-t}+c_3e^{2t}+c_4e^{-2t}$　(4) $x=e^{-t}(c_1+c_2t+c_3t^2)+c_4e^{3t}$

2.12 (1) $x=c_1e^{-t}+c_2\cos 2t+c_3\sin 2t$　(2) $x=c_1e^{-2t}+e^t(c_2\cos t+c_3\sin t)$

(3) $x=e^{2t}(c_1+c_2t)+e^{-t}(c_3\cos t+c_4\sin t)$

(4) $x=(c_1+c_2t)\cos 2t+(c_3+c_4t)\sin 2t$

2.13 $L(D)u=0$, $L(D)y=f(t)$ より $L(D)x=L(D)u+L(D)y=0+f(t)$．また，$u(t)$ は n 個の任意定数を含んでいるので，$x(t)=u(t)+y(t)$ も n 個の任意定数を含んでいる．

2.14 (1) $x=c_1e^t+e^{-\frac{1}{2}t}\left(c_2\cos\frac{\sqrt{3}}{2}t+c_3\sin\frac{\sqrt{3}}{2}t\right)-t^2-t$

(2) $x=c_1+c_2t+c_3\cos 2t+c_4\sin 2t+\frac{1}{12}t^4-\frac{1}{4}t^2$

(3) $x=c_1e^{-t}+c_2e^{2t}+c_3e^{-2t}-\frac{1}{4}t^2+\frac{1}{4}t-\frac{5}{8}$

(4) $x = c_1 + e^{-2t}\Big(c_2 + c_3 t - \dfrac{1}{4}t^2\Big)$

(5) $x = c_1 + c_2\cos 2t + c_3 \sin 2t - \dfrac{1}{8}t\sin 2t$

(6) $x = c_1 e^t + c_2 e^{-t} + c_3\cos t + c_4 \sin t - \dfrac{1}{5}e^t\cos t$

2.15 (1) $x = c_1 + e^{-2t}(c_2 + c_3 t) + \dfrac{1}{8}e^{2t}$

(2) $x = c_1 + c_2\cos t + c_3\sin t + \dfrac{1}{6}\cos 2t$

(3) $x = c_1 e^{\frac{-1+\sqrt{5}}{2}t} + c_2 e^{\frac{-1-\sqrt{5}}{2}t} - t^2 - 2t - 4$

(4) $x = e^t\Big(c_1 + \dfrac{1}{9}t\Big) + e^{-2t}\Big(c_2 + c_3 t - \dfrac{1}{6}t^2\Big)$

(5) $x = e^t\Big(c_1\cos 2t + c_2\sin 2t + \dfrac{1}{4}t\sin 2t\Big)$

(6) $x = e^{-t}\Big(c_1\cos 2t + c_2\sin 2t + \dfrac{1}{4}(1+t)\Big)$

2.16 (1) $x = \widetilde{c}_0 e^{-t} + t - 1$

[$x' + x = \sum_{n=0}^{\infty}((n+1)c_{n+1} + c_n)t^n = t$ より，$c_1 = -c_0$, $c_2 = \dfrac{1}{2}(-c_1+1) = \dfrac{1}{2}(c_0+1)$, $c_n = \dfrac{-1}{n}c_{n-1} = \dfrac{(-1)^{n-2}}{n!}(c_0+1)$ $(n \geqq 2)$, $\widetilde{c}_0 = c_0 + 1$]

(2) $x = c_0 e^{2t} - t^2$

[$x' - 2x = \sum_{n=0}^{\infty}((n+1)c_{n+1} - 2c_n)t^n = -2t + 2t^2$ より，$c_1 = 2c_0$, $c_2 = c_1 - 1 = 2c_0 - 1$, $c_3 = \dfrac{2}{3}(c_2+1) = \dfrac{4}{3}c_0$, $c_n = \dfrac{2}{n}c_{n-1} = \dfrac{2^n}{n!}c_0$ $(n \geqq 3)$]

(3) $x = c_0\cos 2t + \widetilde{c}_1\sin 2t + \dfrac{1}{2}t^2$

[$x'' - 4x = \sum_{n=0}^{\infty}((n+2)(n+1)c_{n+2} + 4c_n)t^n = 1 + 2t^2$ より，$c_2 = -2c_0 + \dfrac{1}{2}$, $c_3 = \dfrac{-2}{3}c_1$, $c_4 = \dfrac{1}{6}(-2c_2+1) = \dfrac{2}{3}c_0$, $c_{2k} = \dfrac{-4}{2k(2k-1)}c_{2(k-1)} = \dfrac{(-1)^k 2^{2k}}{(2k)!}c_0$ $(k \geqq 2)$, $c_{2k+1} = \dfrac{-4}{(2k+1)(2k)}c_{2k-1} = \dfrac{(-1)^k 2^{2k}}{(2k+1)!}c_1$ $(k \geqq 1)$, $\widetilde{c}_1 = \dfrac{1}{2}c_1$]

(4) $x = \widetilde{c}_0 + \widetilde{c}_1 e^t - t^2 - 4t$

[$x'' - x' = \sum_{n=0}^{\infty}(n+1)((n+2)c_{n+2} - c_{n+1})t^n = 2 + 2t$ より，$c_2 = \dfrac{1}{2}(c_1+2)$, $c_3 = \dfrac{1}{3}(c_2+2) = \dfrac{1}{6}(c_1+4)$, $c_n = \dfrac{1}{n}c_{n-1} = \dfrac{1}{n!}(c_1+4)$ $(n \geqq 3)$, $\widetilde{c}_0 = c_0 - c_1 - 4$, $\widetilde{c}_1 = c_1 + 4$]

2.17 (1) $x = \widetilde{c}_0 e^{t^2} + 2$

[$x' - 2tx = c_1 + \sum_{n=1}^{\infty}((n+1)c_{n+1} - 2c_{n-1})t^n = 4t$ より，$c_1 = 0$, $c_2 = c_0 + 2$, $c_{2k} = \dfrac{1}{k}c_{2(k-1)} = \dfrac{1}{k!}(c_0+2)$ $(k \geqq 1)$, $c_{2k+1} = \dfrac{2}{2k+1}c_{2k-1} = 0$ $(k \geqq 0)$, $\widetilde{c}_0 = c_0 + 2$]

(2) $x = c_0 e^{-t^2} + \sum_{n=0}^{\infty} \frac{(-2)^n}{(2n+1)!!} t^{2n+1}$

$[x' + 2tx = c_1 + \sum_{n=1}^{\infty} ((n+1)c_{n+1} + 2c_{n-1})t^n = 1$ より，$c_1 = 1$, $c_{2k} = \frac{-1}{k} c_{2(k-1)} = \frac{(-1)^k}{k!} c_0$ $(k \geqq 0)$, $c_{2k+1} = \frac{-2}{2k+1} c_{2k-1} = \frac{(-2)^k}{(2k+1)!!}$ $(k \geqq 0)]$

(3) $x = c_0 \frac{1}{1-t} + t$

$[(1-t)x' - x = \sum_{n=0}^{\infty} (n+1)(c_{n+1} - c_n)t^n = 1 - 2t$ より，$c_1 = c_0 + 1$, $c_2 = c_1 - 1 = c_0$, $c_n = c_{n-1} = c_0$ $(n \geqq 2)$, また $\sum_{n=2}^{\infty} t^n = \frac{1}{1-t} - (1+t)]$

(4) $x = c_0 t^2 + t^2 \log t$

$[y(s) = x(t)$, $s = t-1$ と変換すると，$(1+s)y' - 2y = \sum_{n=0}^{\infty} ((n+1)c_{n+1} + (n-2)c_n)s^n = 1 + 2s + s^2$ より，$c_1 = 2c_0 + 1$, $c_2 = \frac{1}{2}(c_1 + 2) = c_0 + \frac{3}{2}$, $c_3 = \frac{1}{3}$, $c_n = -\frac{n-3}{n} c_{n-1} = \frac{2(-1)^{n-3}}{n(n-1)(n-2)} = \frac{(-1)^{n-3}}{n} + 2\frac{(-1)^{n-2}}{n-1} + \frac{(-1)^{n-3}}{n-2}$ $(n \geqq 3)$, また $\sum_{n=3}^{\infty} \frac{(-1)^{n-3}}{n} s^n = \log(1+s) - s + \frac{1}{2}s^2$, $\sum_{n=3}^{\infty} \frac{(-1)^{n-2}}{n-1} s^n = s\log(1+s) - s^2$, $\sum_{n=3}^{\infty} \frac{(-1)^{n-3}}{n-2} s^n = s^2 \log(1+s)]$

(5) $x = c_0 \Big(1 + \sum_{n=1}^{\infty} \frac{1}{(2n-1)!!} t^{2n}\Big) + c_1 t e^{\frac{t^2}{2}}$

$[x'' - tx' + x = \sum_{n=0}^{\infty} (n+2)((n+1)c_{n+2} - c_n)t^n = 0$ より，$c_{2k} = \frac{1}{2k-1} c_{2(k-1)} = \frac{1}{(2k-1)!!} c_0$ $(k \geqq 1)$, $c_{2k+1} = \frac{1}{2k} c_{2k-1} = \frac{1}{2^k k!} c_1$ $(k \geqq 0)]$

(6) $x = c_0 \Big(1 + \sum_{n=1}^{\infty} \frac{(-2)^n}{(2n-1)!!} t^{2n}\Big) + c_1 t e^{-t^2}$

$[x'' - 2tx' + 4x = \sum_{n=0}^{\infty} (n+2)((n+1)c_{n+2} + 2c_n)t^n = 0$ より，$c_{2k} = \frac{-2}{2k-1} c_{2(k-1)} = \frac{(-2)^k}{(2k-1)!!} c_0$ $(k \geqq 1)$, $c_{2k+1} = \frac{-1}{k} c_{2k-1} = \frac{(-1)^k}{k!} c_1$ $(k \geqq 0)]$

2.18 $x_2 = t + \sum_{n=1}^{\infty} \frac{1}{(2n+1)!} \prod_{j=0}^{n-1} ((2j+1)(2j+2) - \nu(\nu+1)) t^{2n+1}$

$[(t^2 - 1)x'' - 2tx' - \nu(\nu+1)x = \sum_{n=0}^{\infty} (-(n+2)(n+1)c_{n+2} + (n(n+1) - \nu(\nu+1))c_n)t^n = 0$, $c_0 = 0$, $c_1 = 1$ より，$c_2 = \frac{-\nu(\nu+1)}{2} c_0 = 0$, $c_3 = \frac{2 - \nu(\nu+1)}{6} c_1 = \frac{2 - \nu(\nu+1)}{6}$, $c_{2k} = 0$ $(k \geqq 0)$, $c_{2k+1} = \frac{1}{(2k+1)!} \prod_{j=0}^{k-1} ((2j+1)(2j+2) - \nu(\nu+1))$ $(k \geqq 1)]$

2.19 $x=\sum_{n=0}^{\infty}\dfrac{2(-1)^n}{2^{2n}n!\,(n+2)!}t^{2n+2}$

$[x=\sum_{n=0}^{\infty}c_nt^{n+2}$ とすると, $t^2x''+tx'+(t^2-4)x=\sum_{n=0}^{1}n(n+4)c_nt^{n+2}+\sum_{n=2}^{\infty}(n(n+4)c_n+c_{n-2})t^{n+2}=0$, $c_0=1$, $c_1=0$ より, $c_{2k}=\dfrac{-1}{2^2k(k+2)}c_{2(k-1)}=\dfrac{2(-1)^k}{2^{2k}k!\,(k+2)!}$ $(k\geqq 0)$, $c_{2k+1}=\dfrac{-1}{(2k+1)(2k+5)}c_{2k-1}=0$ $(k\geqq 0)]$

2.20 (1) $x=e^t(c_1+c_2\cos t+c_3\sin t)$ (2) $x=c_1+c_2t+e^{-t}(c_3+c_4t)$

(3) $x=(c_1+c_2t)\cos t+(c_3+c_4t)\sin t$ (4) $x=c_1+e^{2t}(c_2+c_3t-t^2)$

(5) $x=c_1e^{-t}+e^t(c_2+c_3t)+e^{2t}(3t-7)$

(6) $x=c_1+(c_2-t^2)\cos t+(c_3+3t)\sin t$

2.21 (1) $x=c_0(1+t)+(1+t)(t-\log(1+t))$

$[(1+t)x'-x=\sum_{n=0}^{\infty}((n+1)c_{n+1}+(n-1)c_n)t^n=t+t^2$ より, $c_1=c_0$, $c_2=\dfrac{1}{2}$, $c_3=\dfrac{1}{3}(1-c_2)=\dfrac{1}{6}$, $c_n=-\dfrac{n-2}{n}c_{n-1}=\dfrac{(-1)^{n-3}}{n(n-1)}=\dfrac{(-1)^n}{n}+\dfrac{(-1)^{n-1}}{n-1}$ $(n\geqq 3)$, また $\sum_{n=3}^{\infty}\dfrac{(-1)^n}{n}t^n=-\log(1+t)+t-\dfrac{1}{2}t^2$, $\sum_{n=3}^{\infty}\dfrac{(-1)^{n-1}}{n-1}t^n=-t\log(1+t)+t^2]$

(2) $x=c_0t+t\log t+t-1$

$[y(s)=x(t)$, $s=t-1$ と変換すると, $(1+s)y'-y=\sum_{n=0}^{\infty}((n+1)c_{n+1}+(n-1)c_n)s^n=2+s$ より, $c_1=c_0+2$, $c_2=\dfrac{1}{2}$, $c_n=-\dfrac{n-2}{n}c_{n-1}=\dfrac{(-1)^{n-2}}{n(n-1)}=\dfrac{(-1)^{n-1}}{n}+\dfrac{(-1)^{n-2}}{n-1}$ $(n\geqq 2)$, また $\sum_{n=2}^{\infty}\dfrac{(-1)^{n-1}}{n}s^n=\log(1+s)-s$, $\sum_{n=2}^{\infty}\dfrac{(-1)^{n-2}}{n-1}s^n=s\log(1+s)]$

(3) $x=\widetilde{c}_0\dfrac{1}{t}+t$

$[y(s)=x(t)$, $s=t-1$ と変換すると, $(1+s)y'+y=\sum_{n=0}^{\infty}(n+1)(c_{n+1}+c_n)s^n=2+2s$ より, $c_1=-c_0+2$, $c_2=-c_1+1=c_0-1$, $c_n=-c_{n-1}=(-1)^{n-2}(c_0-1)$ $(n\geqq 2)$, また $\sum_{n=2}^{\infty}(-1)^{n-2}s^n=\sum_{n=2}^{\infty}(-s)^n=\dfrac{1}{1+s}-1+s$, $\widetilde{c}_0=c_0-1]$

(4) $x=c_0\cosh t+c_1\sinh t-t^2-t-3$

$[x''-x=\sum_{n=0}^{\infty}((n+2)(n+1)c_{n+2}-c_n)t^n=1+t+t^2$ より $c_2=\dfrac{1}{2}(c_0+1)$, $c_3=\dfrac{1}{3!}(c_1+1)$, $c_4=\dfrac{1}{12}(c_2+1)=\dfrac{1}{4!}(c_0+3)$, $c_{2k}=\dfrac{1}{2k(2k-1)}c_{2(k-1)}=\dfrac{1}{(2k)!}(c_0+3)$ $(k\geqq 2)$, $c_{2k+1}=\dfrac{1}{(2k+1)(2k)}c_{2k-1}=\dfrac{1}{(2k+1)!}(c_1+1)$ $(k\geqq 1)$, また $\sum_{k=2}^{\infty}\dfrac{1}{(2k)!}t^{2k}=\cosh t-1-\dfrac{1}{2}t^2$, $\sum_{k=1}^{\infty}\dfrac{1}{(2k+1)!}t^{2k+1}=\sinh t-t]$

(5) $x = c_0 \sum_{n=0}^{\infty} \dfrac{-1}{2^n n!\,(2n-1)} t^{2n} + c_1 t$

$[x'' - tx' + x = \sum_{n=0}^{\infty} ((n+2)(n+1)c_{n+2} - (n-1)c_n)t^n = 0$ より $c_2 = -\dfrac{1}{2}c_0$, $c_3 = 0$, $c_{2k} = \dfrac{2k-3}{2k(2k-1)} c_{2(k-1)} = \dfrac{-1}{2^k k!\,(2k-1)} c_0$ $(k \geqq 1)$, $c_{2k+1} = \dfrac{2k-2}{(2k+1)(2k)} c_{2k-1} = 0$ $(k \geqq 1)]$

(6) $x = \widetilde{c}_0 e^{-t^2} + \widetilde{c}_1 \sum_{n=0}^{\infty} \dfrac{(-2)^n}{(2k+1)!!} t^{2n+1} + \dfrac{1}{2}(t+1)$

$[x'' + 2tx' + 2x = \sum_{n=0}^{\infty} (n+1)((n+2)c_{n+2} + 2c_n)t^n = 1 + 2t$ より $c_2 = -\Big(c_0 - \dfrac{1}{2}\Big)$, $c_3 = \dfrac{-2}{3}\Big(c_1 - \dfrac{1}{2}\Big)$, $c_{2k} = \dfrac{-1}{k} c_{2(k-1)} = \dfrac{(-1)^k}{k!}\Big(c_0 - \dfrac{1}{2}\Big)$ $(k \geqq 1)$, $c_{2k+1} = \dfrac{-2}{2k+1} c_{2k-1} = \dfrac{(-2)^k}{(2k+1)!!}\Big(c_1 - \dfrac{1}{2}\Big)$ $(k \geqq 1)$, $\widetilde{c}_0 = c_0 - \dfrac{1}{2}$, $\widetilde{c}_1 = c_1 - \dfrac{1}{2}]$

2.22 (1) $x = c_1 t^{-2} \log|t| + c_2 t^{-2}$ $\quad [x = t^{-2}u$, $u'' + \dfrac{1}{t}u' = 0$, 積分因子 $t]$

(2) $x = c_1 e^{-t}(t + 2 + 2t^{-1}) + c_2 t^{-1}$ $\quad [x = t^{-1}u$, $u'' + \Big(1 - \dfrac{2}{t}\Big)u' = 0$, 積分因子 $e^t t^{-2}]$

(3) $x = \dfrac{1}{2}e^t t^2 - c_1(t+1) + c_2 e^t$ $\quad [x = e^t u$, $u'' + \Big(1 - \dfrac{1}{t}\Big)u' = t$, 積分因子 $e^t t^{-1}]$

(4) $x = t^4 + 3t^2 + c_1(t^2 - 1) + c_2 t$ $\quad [x = tu$, $u'' + \Big(\dfrac{2}{t} - \dfrac{2t}{t^2+1}\Big)u' = \dfrac{6(t^2+1)}{t}$, 積分因子 $\dfrac{t^2}{t^2+1}]$

2.23 $t = t_0$ における初期値 $\boldsymbol{x}_0$, $\boldsymbol{y}_0$ に対応する解をそれぞれ $\boldsymbol{x}(t;\boldsymbol{x}_0)$, $\boldsymbol{y}(t;\boldsymbol{y}_0)$ とする.

(i) $t \geqq t_0$ のとき，対応する積分方程式の差をとれば

$$\boldsymbol{x}(t;\boldsymbol{x}_0) - \boldsymbol{y}(t;\boldsymbol{y}_0) = \boldsymbol{x}_0 - \boldsymbol{y}_0 + \int_{t_0}^{t} (\boldsymbol{f}(s, \boldsymbol{x}(s,\boldsymbol{x}_0)) - \boldsymbol{f}(s, \boldsymbol{y}(s,\boldsymbol{y}_0)))\,ds$$

だからリプシッツ定数を L とすると

$$|\boldsymbol{x}(t;\boldsymbol{x}_0) - \boldsymbol{y}(t;\boldsymbol{y}_0)| \leqq |\boldsymbol{x}_0 - \boldsymbol{y}_0| + L\int_{t_0}^{t} |\boldsymbol{x}(s,\boldsymbol{x}_0) - \boldsymbol{y}(s,\boldsymbol{y}_0)|\,ds$$

従って，グロンウォールの補題より $|\boldsymbol{x}(t;\boldsymbol{x}_0) - \boldsymbol{y}(t;\boldsymbol{y}_0)| \leqq |\boldsymbol{x}_0 - \boldsymbol{y}_0|\,e^{L|t-t_0|}$ が成り立つ.

(ii) $t \leqq t_0$ のときも同様の議論により $|\boldsymbol{x}(t;\boldsymbol{x}_0) - \boldsymbol{y}(t;\boldsymbol{y}_0)| \leqq |\boldsymbol{x}_0 - \boldsymbol{y}_0|\,e^{L|t-t_0|}$ が成り立つ.

第3章

3.1 (1) $\lambda = 2, -3$, $V(2) = \Big\langle \begin{pmatrix} 2 \\ 1 \end{pmatrix} \Big\rangle$, $V(-3) = \Big\langle \begin{pmatrix} 1 \\ -2 \end{pmatrix} \Big\rangle$

(2) $\lambda = 2$（重複度 2），$V(2) = \langle \begin{pmatrix} 1 \\ 1 \end{pmatrix} \rangle$

(3) $\lambda = 1 \pm i$，$V(1+i) = \langle \begin{pmatrix} 1 \\ 2+i \end{pmatrix} \rangle$，$V(1-i) = \langle \begin{pmatrix} 1 \\ 2-i \end{pmatrix} \rangle$

3.2 3.3

(1) $P = \begin{pmatrix} -1 & 1 \\ 1 & 1 \end{pmatrix}$，$P^{-1}AP = \begin{pmatrix} 1 & 0 \\ 0 & 3 \end{pmatrix}$，$e^{tP^{-1}AP} = \begin{pmatrix} e^t & 0 \\ 0 & e^{3t} \end{pmatrix}$

(2) $P = \begin{pmatrix} 1 & 0 \\ 1 & 1 \end{pmatrix}$，$P^{-1}AP = \begin{pmatrix} 2 & 1 \\ 0 & 2 \end{pmatrix}$，$e^{tP^{-1}AP} = e^{2t}\begin{pmatrix} 1 & t \\ 0 & 1 \end{pmatrix}$

(3) $P = \begin{pmatrix} 1 & 1 \\ 1 & 0 \end{pmatrix}$，$P^{-1}AP = \begin{pmatrix} 0 & 1 \\ -1 & 0 \end{pmatrix}$，$e^{tP^{-1}AP} = \begin{pmatrix} \cos t & \sin t \\ -\sin t & \cos t \end{pmatrix}$

(4) $P = \begin{pmatrix} 1 & -1 \\ 1 & 1 \end{pmatrix}$，$P^{-1}AP = \begin{pmatrix} 2 & 0 \\ 0 & 0 \end{pmatrix}$，$e^{tP^{-1}AP} = \begin{pmatrix} e^{2t} & 0 \\ 0 & 1 \end{pmatrix}$

(5) $P = \begin{pmatrix} 1 & 1 \\ 1 & 0 \end{pmatrix}$，$P^{-1}AP = \begin{pmatrix} -3 & 1 \\ 0 & -3 \end{pmatrix}$，$e^{tP^{-1}AP} = e^{-3t}\begin{pmatrix} 1 & t \\ 0 & 1 \end{pmatrix}$

(6) $P = \begin{pmatrix} 2 & 1 \\ 1 & 0 \end{pmatrix}$，$P^{-1}AP = \begin{pmatrix} -1 & 1 \\ -1 & -1 \end{pmatrix}$，$e^{tP^{-1}AP} = e^{-t}\begin{pmatrix} \cos t & \sin t \\ -\sin t & \cos t \end{pmatrix}$

3.4 (1) $x = 2c_1e^{2t} + c_2e^{-3t}$，$y = c_1e^{2t} - 2c_2e^{-3t}$

(2) $x = e^{2t}(c_1 - c_2 + c_2t)$，$y = e^{2t}(c_1 + c_2t)$

(3) $x = e^t(c_1\cos t + c_2\sin t)$，$y = e^t((2c_1 + c_2)\cos t - (c_1 - 2c_2)\sin t)$

3.5 略

3.6 (1) $e^{tA} = \dfrac{1}{2}\begin{pmatrix} e^{3t}+e^t & e^{3t}-e^t \\ e^{3t}-e^t & e^{3t}+e^t \end{pmatrix}$ (2) $e^{tA} = e^{2t}\begin{pmatrix} 1-t & t \\ -t & 1+t \end{pmatrix}$

(3) $e^{tA} = \begin{pmatrix} \cos t + \sin t & -2\sin t \\ \sin t & \cos t - \sin t \end{pmatrix}$ (4) $e^{tA} = \dfrac{1}{2}\begin{pmatrix} e^{2t}+1 & e^{2t}-1 \\ e^{2t}-1 & e^{2t}+1 \end{pmatrix}$

(5) $e^{tA} = e^{-3t}\begin{pmatrix} 1+t & -t \\ t & 1-t \end{pmatrix}$ (6) $e^{tA} = e^{-t}\begin{pmatrix} \cos t + 2\sin t & -5\sin t \\ \sin t & \cos t - 2\sin t \end{pmatrix}$

3.7 (1) $x = 2(c_1 + c_2)e^{4t} + (3c_1 - 2c_2)e^{-t}$，$y = 3(c_1 + c_2)e^{4t} - (3c_1 - 2c_2)e^{-t}$

(2) $x = e^{-2t}(c_1 - (c_1 + c_2)t)$，$y = e^{-2t}(c_2 + (c_1 + c_2)t)$

(3) $x = e^t(c_1\cos 2t + (c_1 - c_2)\sin 2t)$，$y = e^t(c_2\cos 2t + (2c_1 - c_2)\sin 2t)$

3.8 (1) $e^{tA} = e^{-t}\begin{pmatrix} 1 & 0 & 0 \\ 0 & 0 & 0 \\ 0 & 0 & 1 \end{pmatrix} + 2te^{-t}\begin{pmatrix} 1 & 0 & -1 \\ 0 & 0 & 0 \\ 1 & 0 & -1 \end{pmatrix} + e^t\begin{pmatrix} 0 & 0 & 0 \\ 0 & 1 & 0 \\ 0 & 0 & 0 \end{pmatrix}$

[$\lambda = -1$（重複度 2），1，$P_1 = -\dfrac{1}{4}(A - I)(A + 3I)$，$P_2 = \dfrac{1}{4}(A + I)^2$，$e^{tA} = e^{-t}(I + t(A + I))P_1 + e^tP_2$]

(2) $e^{tA} = e^t \begin{pmatrix} 1 & 0 & 0 \\ 0 & 1 & 0 \\ 0 & 0 & 1 \end{pmatrix} + te^t \begin{pmatrix} 0 & 1 & 0 \\ 1 & 1 & -1 \\ 1 & 2 & -1 \end{pmatrix} + \frac{t^2}{2} e^t \begin{pmatrix} 1 & 1 & -1 \\ 0 & 0 & 0 \\ 1 & 1 & -1 \end{pmatrix}$

[$\lambda = 1$（重複度 3），$e^{tA} = e^t \Big(I + t(A - I) + \frac{t^2}{2}(A - I)^2 \Big)$]

(3) $e^{tA} = e^t \begin{pmatrix} 1 & 0 & -1 \\ 1 & 0 & -1 \\ 0 & 0 & 0 \end{pmatrix} + e^{2t} \begin{pmatrix} -1 & 1 & 1 \\ -1 & 1 & 1 \\ -1 & 1 & 1 \end{pmatrix} + e^{3t} \begin{pmatrix} 1 & -1 & 0 \\ 0 & 0 & 0 \\ 1 & -1 & 0 \end{pmatrix}$

[$\lambda = 1, 2, 3,\ P_1 = \frac{1}{2}(A - 2I)(A - 3I),\ P_2 = -(A - I)(A - 3I),\ P_3 = \frac{1}{2}(A - I)(A - 2I),\ e^{tA} = e^t P_1 + e^{2t} P_2 + e^{3t} P_3$]

3.9 (1) $e^{tA} = e^t \begin{pmatrix} 1 & -1 & 0 \\ 0 & 0 & 0 \\ 1 & -1 & 0 \end{pmatrix} + e^t \cos t \begin{pmatrix} 0 & 1 & 0 \\ 0 & 1 & 0 \\ -1 & 1 & 1 \end{pmatrix} + e^t \sin t \begin{pmatrix} -2 & 1 & 2 \\ -2 & 1 & 2 \\ -1 & 0 & 1 \end{pmatrix}$

[$\lambda = 1, 1 \pm i,\ P_1 = (A - I)^2 + I,\ P_2 = \frac{-1}{2}((A - I)^2 + i(A - I)),\ P_3 = \overline{P_2},\ e^{tA} = e^t P_1 + 2e^t \mathrm{Re}\,(e^{it} P_2)$]

(2) $e^{tA} = e^{-t} \begin{pmatrix} 0 & 0 & 0 \\ -1 & 0 & -1 \\ 1 & 0 & 1 \end{pmatrix} + \cos t \begin{pmatrix} 1 & 0 & 0 \\ 1 & 1 & 1 \\ -1 & 0 & 0 \end{pmatrix} + \sin t \begin{pmatrix} 0 & -1 & -1 \\ 1 & -1 & -1 \\ 0 & 1 & 1 \end{pmatrix}$

[$\lambda = -1, \pm i,\ P_1 = \frac{1}{2}(A^2 + I),\ P_2 = \frac{-1}{4}(A^2 - I + i(A + I)^2),\ P_3 = \overline{P_2},\ e^{tA} = e^{-t} P_1 + 2\,\mathrm{Re}\,(e^{it} P_2)$]

(3) $e^{tA} = e^t \begin{pmatrix} 1 & 0 & 1 \\ -1 & 0 & -1 \\ 0 & 0 & 0 \end{pmatrix} + e^{2t} \cos t \begin{pmatrix} 0 & 0 & -1 \\ 1 & 1 & 1 \\ 0 & 0 & 1 \end{pmatrix} + e^{2t} \sin t \begin{pmatrix} 1 & 1 & 0 \\ -1 & -1 & 1 \\ -1 & -1 & 0 \end{pmatrix}$

[$\lambda = 1, 2 \pm i,\ P_1 = \frac{1}{2}((A - 2I)^2 + I),\ P_2 = \frac{-1}{4}((A - I)(A - 3I) + i(A - I)^2),\ P_3 = \overline{P_2},\ e^{tA} = e^t P_1 + 2e^{2t}\,\mathrm{Re}\,(e^{it} P_2)$]

3.10 (1) $x = c_1 \cos t - c_2 \sin t + t \cos t + \frac{1}{2} \sin t,\ y = c_2 \cos t + c_1 \sin t + \frac{1}{2} \cos t + t \sin t$

(2) $x = e^{2t} \Big(c_1 + (c_1 + c_2)t + \frac{1}{2} t^2 \Big),\ y = e^{2t} \Big(c_2 + (-c_1 - c_2 + 1)t - \frac{1}{2} t^2 + t \Big)$

(3) $x = (c_1 + c_2)e^{3t} + (c_1 - c_2)e^{-t},\ y = (c_1 + c_2)e^{3t} - (c_1 - c_2)e^{-t} - \frac{1}{2} e^t$

3.11 (1) $x = (4c_1 - 3c_2)e^{-t} - 3(c_1 - c_2)e^{-2t},\ y = (4c_1 - 3c_2)e^{-t} - 4(c_1 - c_2)e^{-2t}$

(2) $x = e^{-3t}(c_1 + 2(c_1 - c_2)t),\ y = e^{-3t}(c_2 + 2(c_1 - c_2)t)$

(3) $x = e^{-2t}(2c_1 \cos 2t + (c_1 + c_2) \sin 2t),\ y = e^{-2t}(2c_2 \cos 2t - (5c_1 + c_2) \sin 2t)$

3.12 (1) $e^{tA} = \frac{1}{3} e^{-t} \begin{pmatrix} 2 & -1 & -1 \\ -1 & 2 & -1 \\ -1 & -1 & 2 \end{pmatrix} + \frac{1}{3} e^{2t} \begin{pmatrix} 1 & 1 & 1 \\ 1 & 1 & 1 \\ 1 & 1 & 1 \end{pmatrix}$

[$\lambda=-1$（重複度 2），2，$P_1=\dfrac{-1}{9}(A-2I)(A+4I)$，$P_2=\dfrac{1}{9}(A+I)^2$，$(A+I)P_1=O$，$e^{tA}=e^{-t}P_1+e^{2t}P_2$]

(2) $e^{tA}=e^{2t}\begin{pmatrix}0&2&1\\-1&3&1\\2&-4&-1\end{pmatrix}+e^t\begin{pmatrix}1&-2&-1\\1&-2&-1\\-2&4&2\end{pmatrix}$

[$\lambda=2$（重複度 2），1，$P_1=-(A-I)(A-3I)$，$P_2=(A-2I)^2$，$(A-2I)P_1=O$，$e^{tA}=e^{2t}P_1+e^tP_2$]

(3) $e^{tA}=e^t\begin{pmatrix}1&-1&0\\0&0&0\\1&-1&0\end{pmatrix}+\cos t\begin{pmatrix}0&1&0\\0&1&0\\-1&1&1\end{pmatrix}+\sin t\begin{pmatrix}-2&1&2\\-2&1&2\\-1&0&1\end{pmatrix}$

[$\lambda=1,\pm i$，$P_1=\dfrac{1}{2}(A^2+I)$，$P_2=\dfrac{-1}{4}(A^2-I-i(A-I)^2)$，$P_3=\overline{P_2}$，$e^{tA}=e^tP_1+2\mathrm{Re}\,(e^{it}P_2)$]

3.13 $(e^{-(t-t_0)A}\boldsymbol{x})'=e^{-(t-t_0)A}(\boldsymbol{x}'-A\boldsymbol{x})=e^{-(t-t_0)A}\boldsymbol{f}(t)$ だから，これを t_0 から t まで積分すると，$\boldsymbol{x}(t_0)=\boldsymbol{x}_0$ より $e^{-(t-t_0)A}\boldsymbol{x}-\boldsymbol{x}_0=\displaystyle\int_{t_0}^{t}e^{-(s-t_0)A}\boldsymbol{f}(s)\,ds$ を得る．

3.14 (1) $x=2e^{2t}+3e^{-3t}$，$y=e^{2t}-6e^{-3t}$

(2) $x=e^{2(t-\pi)}(-\cos t+\sin t)$，$y=e^{2(t-\pi)}(\cos t+\sin t)$

(3) $x=-\cos t+(t+1)\sin t$，$y=(t+1)\cos t$

(4) $x=\cos t$，$y=-\cos t-\sin t$

第4章

4.1 (1) 積分の線形性より $\mathcal{L}(\alpha f+\beta g)=\displaystyle\int_0^\infty e^{-st}(\alpha f+\beta g)\,dt=\alpha\int_0^\infty e^{-st}f\,dt+\beta\int_0^\infty e^{-st}g\,dt=\alpha\mathcal{L}(f)+\beta\mathcal{L}(g)$

(2) $\mathcal{L}$ の線形性より $\mathcal{L}^{-1}(\alpha F+\beta G)=\mathcal{L}^{-1}(\alpha\mathcal{L}(f)+\beta\mathcal{L}(g))=\mathcal{L}^{-1}(\mathcal{L}(\alpha f+\beta g))=\alpha f+\beta g=\alpha\mathcal{L}^{-1}(F)+\beta\mathcal{L}^{-1}(G)$

4.2 (1) $\dfrac{\omega}{s^2-\omega^2}$ (2) $\dfrac{-s-5}{(s+3)(s+1)}$ (3) $\dfrac{s^4+6s+12}{s^4(s+2)}$ (4) $\dfrac{2s^2-3s+2}{s^3}$

4.3 (1) $\dfrac{2}{s(s^2+4)}$ (2) $\dfrac{9(s-2)}{9s^2+4}$ (3) $\dfrac{\sqrt{3}\,s-2}{2(s^2+4)}$ (4) $\dfrac{\sqrt{2}(s+3)}{2(s^2+9)}$

(5) $\dfrac{1}{s^2+4}$ (6) $\dfrac{2(x^2+3)}{s(s^2+4)}$

4.4 (1) $x=e^t-e^{-3t}$ (2) $x=2e^t-e^{2t}$ (3) $x=2e^{3t}-e^{2t}$

(4) $x=\dfrac{3}{2}e^t-\dfrac{1}{2}e^{-t}-t$

4.5 (1) $\dfrac{s^2-\omega^2}{(s^2+\omega^2)^2}$ (2) $\dfrac{s^2+\omega^2}{(s^2-\omega^2)^2}$ (3) $\dfrac{2\omega s}{(s^2-\omega^2)^2}$ (4) $\dfrac{2s(s^2-3\omega^2)}{(s^2+\omega^2)^3}$

4.6 (1) $\dfrac{6}{(s+2)^4}$ (2) $\dfrac{s+1}{s^2-4s+13}$ (3) $\dfrac{\sqrt{2}(s-4)}{2(s^2-2s+10)}$ (4) $\dfrac{s+1+2\sqrt{3}}{2(s^2+2s+5)}$

(5) $\dfrac{s-a}{(s-a)^2-\omega^2}$ (6) $\dfrac{\omega}{(s-a)^2-\omega^2}$

4.7 (1) $x=e^t(\sin t-\cos t)$ (2) $x=\dfrac{1}{2}e^{-t}\sin 2t$ (3) $x=-e^t\sin t$

4.8 (1) $x=e^{-t}(\cos t+7\sin t),\ y=e^{-t}(\cos t-3\sin t)$

(2) $x=\dfrac{3}{4}e^{3t}+\dfrac{1}{4}e^{-t},\ y=\dfrac{3}{4}e^{3t}-\dfrac{1}{4}e^{-t}-\dfrac{1}{2}e^{t}$

(3) $x=e^{-t}(2t^3+3t^2+1),\ y=e^{-t}(2t^3+1)$

4.9 (1) $e^{-t}-e^{-2t}$ (2) $2e^t-t^2-2t-2$ (3) $\dfrac{1}{2}t\sin t$ (4) $\dfrac{1}{2}e^t(t\cos t+\sin t)$

4.10 (1) $x=(t+1)\sin t\ (0<t<\pi),\ x=(\pi+1)\sin t\ (t\geqq\pi)$

$\left[X=\dfrac{\mathcal{L}(f(t))+1}{s^2+1}=\mathcal{L}(\sin t*f(t))+\mathcal{L}(\sin t)\right]$

(2) $x=e^{2t}(t-2)+e^t(t+2)\ (0<t<1),\ x=-e^{t+1}+e^t(t+2)\ (t\geqq 1)$

$\left[X=\dfrac{\mathcal{L}(f(t))}{(s-1)^2}=\mathcal{L}((e^t t)*f(t))\right]$

4.11 (1) $e^{tA}=\dfrac{1}{2}\begin{pmatrix}e^{3t}+e^t & e^{3t}-e^t\\ e^{3t}-e^t & e^{3t}+e^t\end{pmatrix}$ (2) $e^{tA}=e^{2t}\begin{pmatrix}1-t & t\\ -t & 1+t\end{pmatrix}$

(3) $e^{tA}=\begin{pmatrix}\cos t+\sin t & -2\sin t\\ \sin t & \cos t-\sin t\end{pmatrix}$ (4) $e^{tA}=\dfrac{1}{2}\begin{pmatrix}e^{2t}+1 & e^{2t}-1\\ e^{2t}-1 & e^{2t}+1\end{pmatrix}$

(5) $e^{tA}=e^{-3t}\begin{pmatrix}1+t & -t\\ t & 1-t\end{pmatrix}$ (6) $e^{tA}=e^{-t}\begin{pmatrix}\cos t+2\sin t & -5\sin t\\ \sin t & \cos t-2\sin t\end{pmatrix}$

4.12 (1) $\mathcal{L}(f(t+a))=\displaystyle\int_0^\infty e^{-st}f(t+a)\,dt$（置換 $\tau=t+a$）$=\displaystyle\int_a^\infty e^{-s(\tau-a)}f(\tau)\,d\tau$

$=e^{as}\displaystyle\int_a^\infty e^{-s\tau}f(\tau)\,d\tau=e^{as}\left(\int_0^\infty e^{-s\tau}f(\tau)\,d\tau-\int_0^a e^{-s\tau}f(\tau)\,d\tau\right)$

$=e^{as}\left(F(s)-\displaystyle\int_0^a e^{-s\tau}f(\tau)\,d\tau\right)=e^{as}F(s)-\displaystyle\int_0^a e^{-s(\tau-a)}f(\tau)\,d\tau$

(2) $F'(s)=\displaystyle\int_0^\infty(-t)e^{-st}f(t)\,dt=-\int_0^\infty e^{-st}(tf(t))\,dt=-\mathcal{L}(tf(t))$

(3) $\mathcal{L}(f(at))=\displaystyle\int_0^\infty e^{-st}f(at)\,dt$（置換 $\tau=at$）$=\dfrac{1}{a}\displaystyle\int_0^\infty e^{-\frac{s}{a}\tau}f(\tau)\,d\tau=\dfrac{1}{a}F\left(\dfrac{s}{a}\right)$

(4) $\displaystyle\int_s^\infty F(r)\,dr=\int_s^\infty\int_0^\infty e^{-rt}f(t)\,dtdr=\int_0^\infty\left(\int_s^\infty e^{-rt}\,dr\right)f(t)\,dt$

$=\displaystyle\int_0^\infty\frac{e^{-sr}}{t}f(t)\,dt=\mathcal{L}(f(t)t^{-1})$

(5) $\mathcal{L}\left(\int_0^t f(\tau)\,d\tau\right) = \int_0^\infty e^{-st}\int_0^t f(\tau)\,d\tau dt = \int_0^\infty \left(\frac{-1}{s}e^{-st}\right)'\int_0^t f(\tau)\,d\tau dt$
$= -\frac{1}{s}\left[e^{-st}\int_0^t f(\tau)\,d\tau\right]_{t=0}^{t\to\infty} + \frac{1}{s}\int_0^\infty e^{-st}f(t)\,dt = \frac{1}{s}F(s)$

4.13 (1) $x = e^t - t^2 - 2t - 2$ $[X = \mathcal{L}(e^t * t^2) - \mathcal{L}(e^t)]$

(2) $x = e^t(t^3+1)$ $[X = 3\mathcal{L}(e^t * (e^t t^2)) + \mathcal{L}(e^t)]$

(3) $x = e^{-t}(2t+1) - \cos t$ $[X = \frac{1}{s+1} + \frac{2}{(s+1)^2} - \frac{s}{s^2+1}]$

(4) $x = 1 - \cos t + \sin t$ $[X = \frac{s+1}{s(s^2+1)} = \frac{1}{s} - \frac{s}{s^2+1} + \frac{1}{s^2+1}]$

(5) $x = (t+1)\sin t$ $[X = \frac{s^2+2s+1}{(s^2+1)^2} = \frac{1}{s^2+1} + \frac{2s}{(s^2+1)^2}]$

(6) $x = 2 - 2\cos t - t\sin t$ $[X = \frac{2}{s(s^2+1)^2} = \frac{2}{s} - \frac{2s}{s^2+1} - \frac{2s}{(s^2+1)^2}]$

(7) $x = 2 - \frac{1}{2}t^2 - 2\cos t,\ y = 1 - \cos t$
$[X = \frac{s^2-1}{s^3(s^2+1)} = \frac{2}{s} - \frac{1}{s^3} - \frac{2s}{s^2+1},\ Y = \frac{1}{s(s^2+1)} = \frac{1}{s} - \frac{s}{s^2+1}]$

(8) $x = \frac{1}{6}t^3 + 1,\ y = e^t - \frac{1}{6}t^3 - t - 1$
$[X = \frac{(s+1)(s^2-s+1)}{s^4} = \frac{1}{s^4} + \frac{1}{s},\ Y = \frac{s^2-s+1}{s^4(s-1)} = \frac{1}{s-1} - \frac{1}{s^4} - \frac{1}{s^2} - \frac{1}{s}]$

第5章

5.1 (1) $4|xy| \leqq x^2 + 4y^2$ と $4|xy| \leqq 4x^2 + y^2$ を利用する.

(2) $4|xy^3| \leqq x^4 + 3y^4$ を利用する.

(3) $8|yz| \leqq y^2 + 16z^2$ を利用する.

(4) $|yz^3| + |y^3z| \leqq y^4 + z^4$ を利用する.

5.2 (1) $\frac{d}{dt}\left(\frac{1}{2}y^2 + x^2 + x^4\right) + y^2 = 0$ を導く.

(2) $\frac{d}{dt}\left(\frac{1}{2}y^2 + x^2 + \frac{1}{4}x^4\right) = f(t)y,\ f(t) = e^t\sin t$ を導き,
$\int_0^T f(t)y\,dt \leqq e^{2T} + \frac{1}{4}\max_{0\leqq t\leqq T}|y(t)|^2$ を利用する.

(3) $\frac{d}{dt}\left(\frac{1}{2}y^2 + \frac{1}{2}x^6\right) + y^2 = 4f(t)y \leqq 4f^2 + y^2$ を導く.

(4) $\frac{d}{dt}\left(\frac{1}{2}y^2 + x^4 + x^6\right) = f(t)y$ を導き,
$\int_0^T f(t)y\,dt \leqq \left(\int_0^T |f(t)|\,dt\right)^2 + \frac{1}{4}\max_{0\leqq t\leqq T}|y(t)|^2$ を利用する.

5.3 (1) $\frac{d}{dt}\left(\frac{1}{2}y^2 + \frac{1}{2}x^2 - \frac{1}{6}x^6\right) + y^2 = 0$ を導き, $|\boldsymbol{x}| \leqq 1$ を仮定する.

(2) $\dfrac{d}{dt}\Big(\dfrac{1}{2}y^2+\dfrac{1}{2}x^2-x^4\Big)=0$ を導き，$|\boldsymbol{x}|\leqq\dfrac{1}{2}$ を仮定する．

(3) $\dfrac{d}{dt}\Big(\dfrac{1}{2}y^2+x^2-\dfrac{1}{2}x^4\Big)=e^{-9t}y$ を導き，$|\boldsymbol{x}|\leqq 1$ を仮定する．

(4) $\dfrac{d}{dt}\Big(\dfrac{1}{2}y^2+x^2-\dfrac{1}{4}x^4-\dfrac{1}{6}x^6\Big)=(1+t)^{-8}y$ を導き，$|\boldsymbol{x}|\leqq 1$ を仮定する．

5.4 (1) $E=\dfrac{1}{2}y^2+x^2+\dfrac{1}{6}x^6$, $F=E+\dfrac{1}{4}x^2+\dfrac{1}{2}xy$, $G=\dfrac{1}{2}y^2+x^2+\dfrac{1}{2}x^6$ とおき，$\dfrac{d}{dt}E+y^2=0$, $\dfrac{d}{dt}F+G=0$ を導く．次に，$|xy|\leqq\dfrac{1}{2}x^2+\dfrac{1}{2}y^2$ より $\dfrac{1}{2}E\leqq F\leqq 2E$, $G\geqq\dfrac{1}{2}F$ を示し，$\dfrac{d}{dt}F+\nu F\leqq 0$ ($^\exists\nu>0$) を導く．

(2) $E=\dfrac{1}{2}y^2+x^2-\dfrac{1}{6}x^6$, $F=E+\dfrac{1}{4}x^2+\dfrac{1}{2}xy$, $G=\dfrac{1}{2}y^2+x^2-\dfrac{1}{2}x^6$ とおき，$\dfrac{d}{dt}E+y^2=0$, $\dfrac{d}{dt}F+G=0$ を導く．次に，$|\boldsymbol{x}|\leqq 1$ を仮定して，$\dfrac{1}{2}y^2+\dfrac{5}{6}x^2\leqq E\leqq\dfrac{1}{2}y^2+x^2$ と $|xy|\leqq\dfrac{1}{2}x^2+\dfrac{1}{2}y^2$ より $\dfrac{1}{2}E\leqq F\leqq 2E$, $G\geqq\dfrac{1}{4}F$ を示し，$\dfrac{d}{dt}F+\nu F\leqq 0$ ($^\exists\nu>0$) を導く．

(3) $E=\dfrac{1}{2}y^2+x^2+\dfrac{1}{6}x^6$, $F=E+\dfrac{1}{4}x^2+\dfrac{1}{2}xy$, $G=\dfrac{1}{2}y^2+x^2+\dfrac{1}{2}x^6$ とおき，$\dfrac{d}{dt}E+y^2=(1+t)^{-1}y$, $\dfrac{d}{dt}F+G=(1+t)^{-1}\Big(y+\dfrac{1}{2}x\Big)$, $E\leqq E(0)+1$ を導く．次に，$|xy|\leqq\dfrac{1}{2}x^2+\dfrac{1}{2}y^2$ より $\dfrac{1}{2}E\leqq F\leqq 2E$, $G\geqq\dfrac{1}{2}F$ を示し，$\dfrac{d}{dt}F+\nu F\leqq c(1+t)^{-2}$ ($^\exists\nu>0$) を導く．

(4) $E=\dfrac{1}{2}y^2+x^4$, $F=E+\dfrac{1}{4}x^2+\dfrac{1}{2}xy$, $G=\dfrac{1}{2}y^2+2x^4$ とおき，$\dfrac{d}{dt}E+y^2=e^{-t}y$, $\dfrac{d}{dt}F+G=e^{-t}\Big(y+\dfrac{1}{2}x\Big)$, $E\leqq E(0)+1$ を導く．次に，$|xy|\leqq\dfrac{1}{2}x^2+\dfrac{1}{2}y^2$ より $\dfrac{1}{2}E\leqq F\leqq(2E^{\frac{1}{2}}+1)E^{\frac{1}{2}}$ を示す．さらに，$F^2\leqq(2(E(0)+1)^{\frac{1}{2}}+1)^2E$ より $G\geqq\nu F^2$ ($^\exists\nu>0$) を示し，$\dfrac{d}{dt}F+\nu F^2\leqq 0$ を導く．

付録 A

A.1 (1) $\Big(\cos x-\dfrac{y}{x^2}\Big)dx+\dfrac{1}{x}\,dy$　(2) $(e^x+y^2)dx+(2xy+e^y)\,dy$

(3) $(\sin x+e^x\sin y)\,dx+(e^x\cos y+e^y)\,dy$

A.2 (1) $x^2y=c$　(2) $\dfrac{1}{2}x^2+xy=c$　(3) $\dfrac{1}{2}x^2+xy^2=c$　(4) $x^2\log y=c$

(5) $e^x+xy^2+e^y=c$　(6) $-\cos x+e^x\sin y+e^y=c$

A.3 (1) $\log|x|+\dfrac{y}{x}=c$　(2) $\dfrac{x^2}{y}+y=c$　(3) $\log|xy|+y=c$

(4) $x-\dfrac{y^2}{x}=c$　(5) $\sin x+\dfrac{y}{x}=c$

あとがき

微分方程式の専門書は多数ありそれぞれに特長があって良書も多い．本書は微分方程式の入門書であることから，難解な内容をできるだけ避け基本的な内容に絞って構成している．執筆にあたって参考にさせて頂いた類書や読者がさらに学んでみたいと意欲が湧いてきたときに参考になると思われる書物および本書では扱わなかった内容を含んだ書物をいくつかあげておく．

微分積分学・基礎解析学について

高木貞治 著：『解析概論』（岩波書店）
溝畑茂 著：『数学解析 上，下』（朝倉書店）
梶原壤二 著：『解析学序説』（森北出版）
杉浦光夫 著：『解析入門 I, II 』（東京大学出版）

微分方程式・数理モデルについて

ポントリャーギン 著：『常微分方程式』（千葉克裕 訳 共立出版社）
笠原晧司 著：『微分方程式の基礎 』（朝倉書店）
佐藤總夫 著：『自然の数理と社会の数理 I・II』（日本評論社）
E. クライツィグ 著：『常微分方程式』（北原和夫，堀素夫 共訳 培風館）
中尾慎宏 著：『概説微分方程式』（サイエンス社）
柳田英二，栄伸一郎 共著：『常微分方程式論』（朝倉書店）
高桑昇一郎 著：『微分方程式と変分法』（共立出版社）
俣野博 著：『常微分方程式入門』（岩波書店）
佐藤総夫 著：『自然の数理と社会の数理 I, II 』（日本評論社）
D. バージェス，M. ボリー 共著：『微分方程式で数学モデルを作ろう』（垣田孝夫，大町比佐栄 共訳 日本評論社）
今隆助，竹内康博 共著：『常微分方程式とロトカ・ヴォルテラ方程式』（共立出版社）
井川満 著：『偏微分方程式への誘い』（現代数学社）
俣野博，神保道夫 共著：『熱・波動と微分方程式』（岩波書店）
増田久弥 著：『非線型数学』（朝倉書店）

索　引

ら 行

著者略歴

小野公輔（おのこうすけ）

1994年　九州大学大学院理学研究科
　　　　数学専攻博士課程修了

現　在　徳島大学教授・理博

主要著書

理工系の 線形代数学入門（共著，サイエンス社）

初歩からの 複素解析（共著，学術図書出版社）

情報科学入門（共著，日経 BP 社）

新しく始める 線形代数（共著，サイエンス社）

サイエンス テキスト ライブラリ＝**13**

新しく始める **微分方程式**

2021年1月25日 ©　　初版発行

著者　小野公輔

発行者　森平敏孝
印刷者　馬場信幸
製本者　小西惠介

発行所　**株式会社 サイエンス社**

〒151–0051　東京都渋谷区千駄ヶ谷1丁目3番25号
営業 ☎（03）5474–8500（代）　振替 00170–7–2387
編集 ☎（03）5474–8600（代）
FAX ☎（03）5474–8900

印刷　三美印刷（株）　　製本　（株）ブックアート

《検印省略》

ISBN978-4-7819-1498-5

PRINTED IN JAPAN

サイエンス社のホームページのご案内
https://www.saiensu.co.jp
ご意見・ご要望は
rikei@saiensu.co.jp まで．